卓越农林人才培养实验实训教材

生物化学与分子生物学实验

主　编

向　恒　张瑞芝　王　炜　吴荣华

副主编

王　营　罗献梅　许金山　徐玉薇

编写人员

王　炜（西南大学动物科技学院）
王　营（西南医科大学基础医学院）
王　琳（西南大学药学院）
向　恒（西南大学动物科技学院）
刘含登（重庆医科大学基础医学院）
许金山（重庆师范大学生命科学学院）
吴荣华（西南大学动物科技学院）
张瑞芝（西南大学药学院）
陈　洁（西南大学生物技术学院）
罗　洁（重庆文理学院园林与生命科学学院 / 特色植物研究院）
罗献梅（西南大学动物科学学院）
徐玉薇（西南大学动物科技学院）

西南师范大学出版社
国家一级出版社　全国百佳图书出版单位

图书在版编目（CIP）数据

生物化学与分子生物学实验/向恒等主编. —重庆：
西南师范大学出版社，2019.6
卓越农林人才培养实验实训教材
ISBN 978-7-5621-9774-4

Ⅰ.①生… Ⅱ.①向… Ⅲ.①生物化学－实验－高等学校－教材②分子生物学－实验－高等学校－教材 Ⅳ.
①Q5-33②Q7-33

中国版本图书馆CIP数据核字(2019)第082495号

生物化学与分子生物学实验

主编 向 恒 张瑞芝 王 炜 吴荣华

责任编辑：杜珍辉　魏烨昕
责任校对：刘　凯
装帧设计：观止堂_未　氓　黄　冉
排　　版：重庆大雅数码印刷有限公司·夏洁
出版发行：西南师范大学出版社
印　　刷：重庆紫石东南印务有限公司
幅面尺寸：195 mm×255 mm
印　　张：14
字　　数：270千字
版　　次：2019年11月 第1版
印　　次：2019年11月 第1次印刷
书　　号：ISBN 978-7-5621-9774-4

定　　价：45.00元

卓越农林人才培养实验实训教材

总编委会

主任

刘 娟　苏胜齐

副主任

赵永聚　周克勇

王豪举　朱汉春

委员

曹立亭　段　彪　黄兰香
黄庆洲　蒋　礼　李前勇
刘安芳　宋振辉　魏述永
吴正理　向　恒　赵中权
郑小波　郑宗林　周朝伟
　　　　周勤飞

2014年9月,教育部、原农业部(现农业农村部)、原国家林业局(现国家林业和草原局)批准西南大学动物科学专业、动物医学专业、动物药学专业本科人才培养为国家第一批卓越农林人才教育培养计划专业,学校与其他卓越农林人才培养高校广泛开展合作,积极探索卓越农林人才培养的模式、实训实践等教育教学改革,加强国家卓越农林人才培养校内实践基地的建设,不断探索校企校地协调育人机制的建立,开展全国专业实践技能大赛等,在卓越人才培养方面取得了巨大的成绩。西南大学水产养殖学专业、水族科学与技术专业同步与国家卓越农林人才培养计划专业开展了人才培养模式改革等教育教学探索与实践。2018年10月,教育部、农业农村部、国家林业和草原局发布《关于加强农科教结合实施卓越农林人才教育培养计划2.0的意见》明确提出,经过5年的努力,全面建立多层次、多类型、多样化的中国特色高等农林教育人才培养体系,提出了农林人才培养要开发优质课程资源,注重体现学科交叉融合、体现现代生物科技课程建设新要求,及时用农林业发展的新理论、新知识、新技术更新教学内容。

为适应新时代卓越农林人才教育培养的教学需求,促进"新农科"和"双万计划"顺利推进,进一步强化本科理论知识与实践技能培养,西南大学联合相关高校,在总结卓越农林人才培养改革探索与实践的经验基础之上,结合教育部《普通高等学校本科专业类教学质量国家标准》以及教育部、财政部、国家发展与改革委员会《关于高等学校加快"双一流"建设的指导意见》等文件精神,决定推出一套"卓越农林人才培养实验实训教材"。本套系列教材包含动物科学、动物医学、动物药学、中兽医学、水产养殖学、水族科学与技术等本科专业的学科基础课程、专业发展课程和实践等教学环节的实验(实训)实践内容,适合作为动物科学、动物医学和水产养殖学专业及相关专业的教学用书,也可作为教学辅助材料。

本套教材面向全国各类高校的畜牧、兽医、水产及相关专业的实践(实验、实训)教学环节,具有较广泛的适用性。归纳起来,这套教材有以下特点:

1. 准确定位,面向卓越 本套教材的深度与广度力求符合动物科学、动物医学和水产养殖学专业及相关专业国家人才培养标准的要求和卓越农林人才培养的需要,紧扣教学活动与知识结构，对人才培养体系、课程体系进行充分调研与论证，及时用现代农林业发展的新理论、新知识、新技术更新教学内容以培养卓越农林人才。

2. 夯实基础，切合实际　本套教材遵循卓越农林人才培养的理念和要求，注重夯实基础理论、基本知识、基本思维、基本技能；科学规划、优化学科品类，力求考虑学科的差异与融合，注重各学科间的有机衔接，切合教学实际。

3. 创新形式，案例引导　本套教材引入案例教学，以提高学生的学习兴趣和教学效果；与创新创业、行业生产实际紧密结合，增强学生运用所学知识与技能的能力，适应农业创新发展的特点。

4. 注重实践，衔接实训　本套教材注意厘清教学各环节，循序渐进，注重指导学生开展现场实训。

"授人以鱼，不如授人以渔。"在教材中尽可能地介绍各个实验（实训）的目的要求、原理和背景、操作关键点、结果误差来源、生产实践应用范围等，通过对知识的迁移延伸、操作方法比较、案例分析等，培养学生的创新意识与探索精神。本套教材是目前国内出版的第一套落实"卓越农林人才培养意见"精神的实验实训教材，能对我国农林的人才培养和行业发展起到一定的借鉴引领作用。

以上是我们编写这套教材的初衷和理念。把它们写在这里，主要是为了自勉，并不表明这些我们已经全部做好了、做到位了。我们更希望使用这套教材的师生和其他读者多提宝贵意见，使教材得以不断完善。

本套教材的出版，凝聚了西南大学和西南师范大学出版社相关领导的大量心血和支持，在此向他们表示感谢！

总编委会

2019 年 6 月

鉴于现今教材中生物化学实验、分子生物学实验、生物信息学实验常单独成书，使得其中的实验内容多重复，且缺乏科学性和系统性。为此，本教材利用乳酸脱氢酶（Lactate Dehydrogenase，LDH）这一基因将书中所有实验项目串联起来。各实验项目既相对独立，又交叉连续。

本教材共包括3个部分、27个实验。针对乳酸脱氢酶的一系列生物化学、分子生物学、生物信息学实验进行系统性编排。在每个实验后都有实验拓展，便于学生课后更深入地自学，牢固地掌握所学知识。在实际教学过程中，根据教学大纲和实验条件，任课教师可以选择其中单个项目进行实验教学，也可以选择多个项目构建成一个综合性的实验课题进行授课。

第一部分的生物化学实验包括LDH的提取与鉴定，离子交换层析法纯化LDH，亲和层析法纯化LDH，凝胶过滤层析法纯化LDH，蛋白质含量的测定（考马斯亮蓝法），LDH酶活力测定，非变性凝胶电泳分离LDH同工酶，聚丙烯酰胺凝胶电泳测定LDH相对分子质量，LDH蛋白质免疫印迹9个实验项目。通过该部分实验，学生将掌握蛋白质提取和纯化、蛋白质浓度测定、酶活力检测、蛋白质相对分子质量测定以及免疫印迹等生物化学实验技术的原理和操作方法。

第二部分的分子生物学实验包括动物组织基因组DNA提取，PCR扩增LDH基因，琼脂糖凝胶电泳检测DNA，提取纯化质粒载体，DNA限制性酶切，制备大肠杆菌感受态细胞，DNA重组、转化及阳性克隆筛选，外源基因的原核表达及纯化8个实验项目。通过该部分实验，学生将掌握从提取基因组DNA到目的DNA重组、转化、原核表达的分子克隆实验技术的原理和操作方法。

第三部分的生物信息学实验包括PCR引物设计，凝胶电泳图像分析，NCBI数据库介绍及序列下载，序列格式转换，DNA序列分析，序列同源检索，多重序列比对，系统进化分析,蛋白质序列分析,蛋白质结构预测10个实验项目。通过该部分实验,学生不但能够掌握PCR、电泳实验的设计和验证过程,还能系统地学习核酸和蛋白质序列分析、蛋白质结构分析、同源序列检索以及系统进化分析等生物信息学实验技术的原理和操作方法。由于该部分的图均为实验步骤的过程图,因此参考张成岗和贺福初编著的《生物信息学方法与实践》(科学出版社,2002年)未加题图。

通过对本书的学习,可培养生物学类、农学类、医学类专业学生以下几方面的能力:①掌握现代生命科学的基础实验技能,并能够运用所学知识对专业相关领域的复杂问题开展系统分析和研究,提出相应的对策和建议,进而解决问题;②具备较强的团队意识、沟通协作和科学创新精神,能从事专业领域的技术研发、协作与管理等;③具有一定的学科交叉能力,能在多学科、多元文化团队中进行有效的沟通交流,具备在国内外一流学术机构继续深造的能力。

本书主要适用于生物学类、农学类、医学类专业的生物化学、分子生物学、生物信息学等课程的实验教学,也可作为生物化学与分子生物学、基因组与生物信息学等专业相关教师及学生的参考用书。

本书编者是从事生物化学、分子生物学、生物信息学相关教学工作的一线教师,经验丰富,编写认真。审稿者也付出了很多宝贵的个人休息时间,在此表示衷心感谢。此外,本书从策划、编写、修订到出版一直得到西南师范大学出版社的大力支持,在此也一并表示诚挚的谢意。

由于本书编写时间较紧,加之编者水平有限,不足之处在所难免,恳请各位读者批评指正,不吝赐教。

向恒

2018年12月

第一部分 生物化学实验

实验1　乳酸脱氢酶（LDH）的提取与鉴定 ……………………………………………… 3
实验2　离子交换层析法纯化LDH ……………………………………………………… 10
实验3　亲和层析法纯化LDH …………………………………………………………… 16
实验4　凝胶过滤层析法纯化LDH ……………………………………………………… 21
实验5　蛋白质含量的测定（考马斯亮蓝法） …………………………………………… 29
实验6　LDH酶活力测定 ………………………………………………………………… 33
实验7　非变性凝胶电泳分离LDH同工酶 ……………………………………………… 38
实验8　聚丙烯酰胺凝胶电泳测定LDH相对分子质量 ………………………………… 41
实验9　LDH蛋白质免疫印迹 …………………………………………………………… 46

第二部分 分子生物学实验

实验10　动物组织基因组DNA提取 …………………………………………………… 53
实验11　PCR扩增*LDH*基因 …………………………………………………………… 57
实验12　琼脂糖凝胶电泳检测DNA ……………………………………………………… 60
实验13　提取纯化质粒载体 ……………………………………………………………… 64
实验14　DNA限制性酶切 ………………………………………………………………… 67

实验15　制备大肠杆菌感受态细胞 ·· 71
实验16　DNA重组、转化及阳性克隆筛选 ······························· 75
实验17　外源基因的原核表达及纯化 ······································ 82

第三部分　生物信息学实验

实验18　PCR引物设计 ·· 91
实验19　凝胶电泳图像分析 ·· 99
实验20　NCBI数据库介绍及序列下载 ·································· 106
实验21　序列格式转换 ·· 121
实验22　DNA序列分析 ·· 131
实验23　序列同源检索 ·· 143
实验24　多重序列比对 ·· 151
实验25　系统进化分析 ·· 161
实验26　蛋白质序列分析 ··· 176
实验27　蛋白质结构预测 ··· 190

参考文献 ·· 210

第一部分 生物化学实验

CONTENTS

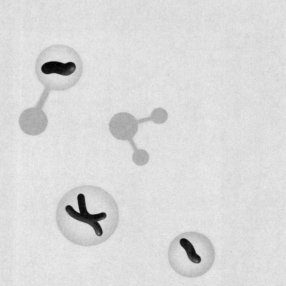

实验 1　乳酸脱氢酶(LDH)的提取与鉴定

通常,科学实验的第一步都是初始材料或者初始数据的获取。本次实验,我们将从动物组织中分离、纯化乳酸脱氢酶(Lactate Dehydrogenase,LDH),并对LDH的活力、浓度和回收率进行测定与计算,进而为后续实验做准备。

【实验目的】

(1)了解蛋白质分离、纯化与鉴定的整体思路。
(2)理解硫酸铵盐析的基本原理。
(3)掌握LDH粗分离的方法及其基本性质鉴定的方法。

【实验原理】

LDH是以NAD^+(氧化态烟酰胺腺嘌呤二核苷酸)为辅酶,催化体内糖代谢过程中乳酸与丙酮酸之间可逆反应的一组同工酶,广泛存在于动物、植物和微生物中,具有组织特异性。在缺氧条件下,LDH催化丙酮酸接受NADH(还原态烟酰胺腺嘌呤二核苷酸)提供的H^+,合成乳酸;在缺少葡萄糖时,LDH可以氧化乳酸生成丙酮酸,丙酮酸通过糖异生途径转变成糖。反应式如下:

$$\text{丙酮酸} + NADH + H^+ \xrightleftharpoons{LDH} \text{乳酸} + NAD^+$$

蛋白质属于大分子物质,其分子直径为$1\sim100$ nm,具有胶体颗粒性质,不能随意穿过半透膜。在水溶液中,蛋白质分子利用其表面水化膜和同性电荷相互排斥的作用形成亲水胶体并维持胶体性质。在蛋白质溶液中,中性盐[如$(NH_4)_2SO_4$、Na_2SO_4、$NaCl$等]既可以中和电荷,又能抢夺蛋白质表面的水分子而破坏水化膜。当溶液中中性盐的浓度足够高时,蛋白质失去水化膜而从溶液中沉淀下来,这个现象称为盐析。利用溶液中蛋白质呈胶体颗粒的性质,选择孔径适宜的半透膜进行透析处理,可除去蛋白质沉淀中的中性盐和其他小分子物质。盐析获得的蛋白质沉淀经透析处理可恢复蛋白质原有的结构和生物活性。

本实验以牛心肌组织为材料,通过组织匀浆和离心获得总蛋白,硫酸铵盐析和透析获得LDH粗蛋白样品。

【课前思考题】

(1)LDH分离提取与鉴定实验的设计依据是什么?
(2)如何确定酶促反应达到平衡的时间?
(3)样品离心操作时应注意哪些问题?
(4)LDH粗分级过程中硫酸铵有什么作用?组织匀浆液中加入硫酸铵时为什么要缓慢?

【实验材料】

1. 仪器与耗材

紫外-可见分光光度计,高速组织匀浆机,冷冻离心机,手术剪,研钵,比色皿等。

2. 材料

牛心肌组织。

3. 试剂

匀浆缓冲液:$0.05\ mol·L^{-1}$磷酸盐缓冲液(PBS,pH 7.5);酶促反应缓冲液:$0.15\ mol·L^{-1}$ 3-(环己胺)-1-丙磺酸缓冲液(CAPS,pH 10.0),$6×10^{-3}\ mol·L^{-1}\ NAD^+$,$0.15\ mol·L^{-1}$乳酸;Q-Sepharose缓冲液:$0.03\ mol·L^{-1}$ N,N-二羟乙基甘氨酸(pH 8.5)或$0.02\ mol·L^{-1}$ Tris-HCl缓冲液(pH 8.5);无水硫酸铵;等等。

【实验步骤】

所有实验步骤均在低温(4 ℃或冰上)环境进行。LDH分离提取过程中,实验者需记录每一步中样品的含量。

1. LDH的制备

(1)取牛心肌组织25 g,用剪刀剔除外周脂肪和结缔组织,用预冷的无菌纯净水冲洗干净后剪碎成1 mm×1 mm×1 mm的小块。

(2) 将剪碎的牛心肌组织与 75 mL 预冷的 0.05 mol·L^{-1} 磷酸盐缓冲液(pH 7.5)混合，置于高速组织匀浆机中匀浆 2 min。预存 0.5 mL 匀浆液用于后续酶动力学实验和蛋白浓度测定。其余匀浆液以 20 000 r/min，在 4 ℃ 下离心 15 min 后收集上清液，并预存 0.5 mL 上清液用于后续检测。

(3) 将收集的上清液置于冰上，向其缓慢加入研磨成粉的硫酸铵，使组织液中硫酸铵饱和度达 40%(0.242 g/mL)，冰上静置 15 min。15 000 r/min，4 ℃ 离心 15 min，收集上清液。

(4) 预存 0.5 mL 上清液用于后续实验。其余上清液再次置于冰上，继续缓慢加入硫酸铵，使溶液中硫酸铵饱和度达到 65%(0.166 g/mL)，冰上静置 15 min。15 000 r/min，4 ℃ 离心 15 min，分别收集上清液和沉淀。

(5) 预存 0.5 mL 上清液用于后续实验。向 65% 饱和度硫酸铵处理后的沉淀中加入 5~10 mL 0.03 mol·L^{-1} 的 N,N-二羟乙基甘氨酸(pH 8.5)，使沉淀充分溶解。

(6) 预存 0.2 mL 沉淀溶解液用于后续实验，其余溶解液移入预先处理的透析袋中。将透析袋放入 0.03 mol·L^{-1} 的 N,N-二羟乙基甘氨酸(pH 8.5)缓冲液中，4 ℃ 透析。

2. LDH 酶促反应

蛋白粗提物中的酶很不稳定，因此需要尽快检测 LDH 提取过程中预存样品的蛋白质含量和酶活力[实验原理及步骤见《实验 5　蛋白质含量的测定(考马斯亮蓝法)》和《实验 6　LDH 酶活力测定》]。

通过检测 NADH 的生成量可间接获得 LDH 酶活力。每个样品的酶促反应体积均为 3 mL，反应体系如下：

1.9 mL 0.15 mol·L^{-1} CAPS(pH 10.0)

0.5 mL 6×10^{-3} mol·L^{-1} NAD$^+$

0.5 mL 0.15 mol·L^{-1} 乳酸

每个反应体系中分别加入 LDH 粗提液 10 μL、纯净水 90 μL，颠倒混匀，紫外-可见分光光度计检测混合液在 340 nm 处的吸光度(A_{340nm})。

3. LDH 活力、浓度和回收率计算

本实验反应液中含乳酸和 NAD$^+$，在一定条件下，加入一定量酶液，观察反应过程中混合液 A_{340nm} 的变化，判断 LDH 的活性。

LDH 的活力单位(U)定义：在 25 ℃，pH 10.0 条件下，每分钟催化 1 μmol 乳酸转化为丙酮酸所用 LDH 的量为 1 U，1 U=1 μmol·min^{-1}。

LDH 提取过程中所有预存样品的酶活力、比活力、纯化倍数和回收率的计算公式如下：

$$LDH活力 = \frac{\Delta A_{340\,nm}}{\varepsilon b} \times \frac{1}{t} \times V_{反}$$

式中：

ΔA_{340nm}：溶液在340 nm吸光度的变化量，无单位；

ε：吸光物质的摩尔吸光系数，单位为$L\cdot(mol\cdot cm)^{-1}$，1 cm吸光皿内吸光物质的摩尔吸光系数为6 220 $L\cdot(mol\cdot cm)^{-1}$；

b：光程，即光线穿过溶液的距离，通常为比色皿透光面宽度，单位为cm；

t：反应时间，单位为min；

$V_{反}$：反应液体积，单位为L。

$$LDH相对活力 = \frac{LDH活力}{样品体积}$$

$$LDH总活力 = LDH相对活力 \times 样品总体积$$

$$LDH比活力 = \frac{LDH总活力}{总蛋白含量}$$

$$LDH纯化倍数 = \frac{LDH每步纯化比活力}{LDH初始提取液比活力}$$

将LDH初始提取液的回收率设定为100%（本实验中以组织匀浆液为LDH初始提取液），其他提取步骤所获得的样品蛋白质回收率为：

$$LDH回收率 = \frac{LDH每步纯化总活力}{LDH初始提取液总活力} \times 100\%$$

例如，LDH粗提匀浆液体积为20 mL，取20 μL样品与80 μL酶促反应液混合，测得样品混合液在340 nm处每分钟的吸光度为0.31，则LDH活力和相对活力分别为：

$$\frac{0.31}{6\,220\,L\cdot(mol\cdot cm)^{-1} \times 1cm} \times \frac{1}{1\,min} \times 0.003\,L \approx 0.15\,\mu mol\cdot min^{-1} = 0.15\,U$$

$$\frac{0.15\,U}{0.02\,mL} = 7.5\,U\cdot mL^{-1}$$

总酶活力和初始提取步骤中的回收率分别为：

$$7.5\,U\cdot mL^{-1} \times 20\,mL = 150\,U$$

$$\frac{150\,U}{150\,U} \times 100\% = 100\%$$

若用Bradford蛋白浓度测定法检测20 μL预先稀释10倍的初始提取液，测得其中蛋白含量为3 μg，则样品中：

$$蛋白浓度 = \frac{总蛋白含量}{样品体积} \times 样品稀释倍数 = \frac{3\times 10^{-3}\,mg}{2\times 10^{-2}\,mL} \times 10 = 1.5\,mg\cdot mL^{-1}$$

LDH 比活力为：

$$\frac{150 \text{ U}}{1.5 \text{ mg} \cdot \text{mL}^{-1} \times 20 \text{ mL}} = 5 \text{ U} \cdot \text{mg}^{-1}$$

酶的比活力是指每毫克蛋白质所含的某种酶的催化活力，是用来度量酶纯度的指标。

【实验结果分析】

1. 原始数据统计

(1) LDH 纯化过程相关信息统计：

组织匀浆液的体积_____(mL)

匀浆液经 20 000 r/min 离心后，上清液的体积_____(mL)

溶液中 $(NH_4)_2SO_4$ 饱和度达到 40% 时 $(NH_4)_2SO_4$ 的质量_____(g)

40% 饱和度 $(NH_4)_2SO_4$ 盐析处理后的上清液体积_____(mL)

溶液中 $(NH_4)_2SO_4$ 饱和度达到 65% 时 $(NH_4)_2SO_4$ 的质量_____(g)

65% 饱和度 $(NH_4)_2SO_4$ 盐析处理后的上清液体积_____(mL)

65% 饱和度 $(NH_4)_2SO_4$ 盐析处理后的沉淀重悬液体积_____(mL)

(2) LDH 活力和回收率分析的相关信息统计：

纯化步骤	测定样品体积/mL	稀释倍数	每分钟 A_{340nm} 的变化量
组织匀浆			
20 000 r/min 离心处理后的上清液			
40% 饱和度 $(NH_4)_2SO_4$ 盐析处理后的上清液			
65% 饱和度 $(NH_4)_2SO_4$ 盐析处理后的沉淀			
65% 饱和度 $(NH_4)_2SO_4$ 盐析处理后的上清液			

2. 数据计算

LDH 提取的每一步均需计算提取液中酶的活力、相对活力、总活力和回收率。所有计算结果可填入下表：

纯化步骤	LDH活力/U	LDH相对活力/U·mL^{-1}	LDH总活力/U	LDH回收率/%
组织匀浆				
20 000 r/min离心处理后的上清液				
40%饱和度$(NH_4)_2SO_4$盐析处理后的上清液				
65%饱和度$(NH_4)_2SO_4$盐析处理后的沉淀				
65%饱和度$(NH_4)_2SO_4$盐析处理后的上清液				

【注意事项】

(1)LDH纯化的所有步骤均在低温(4 ℃或冰上)条件下进行。

(2)酶促反应先加水,最后加LDH粗提液以启动酶促反应。

(3)LDH纯化过程中的每一步均需要预留少量样品用于酶的活力、比活力、总活力和回收率的检测。

(4)硫酸铵使用之前,需要进行研磨和烘干(温度不宜超过60 ℃)处理。向20 000 r/min离心后的上清液中加入硫酸铵时一定要缓慢进行。

【课后思考题】

(1)如果牛的LDH最适温度为37 ℃,那么LDH的纯化为什么一定要在低温(4 ℃或冰上)条件下进行?

(2)在纯化LDH时,为什么要采用两种不同饱和度的硫酸铵进行盐析沉淀?

(3)LDH纯化的每一步都需要预留检测样品,这样做的目的是什么?

(4)为什么溶液中的蛋白质在高浓度中性盐的作用下会从溶液中沉淀下来?

实验拓展

[1] 郑国爱.细菌乳酸脱氢酶的纯化及其性质研究[J].生物技术,1999,9(1):11-15.

[2] 王立艳,汪建军,杨海麟,等.猪心肌乳酸脱氢酶的提纯工艺及酶反应最适条件[J].南京师大学报(自然科学版),2004(2):70-73.

[3] 赵玉萍,杨娟.四种纤维素酶酶活测定方法的比较[J].食品研究与开发,2006,27(3):116-118.

[4] 王子佳,李红梅,弓爱君,等.蛋白质分离纯化方法研究进展[J].化学与生物工程,2009,26(8):8-11.

实验 2 离子交换层析法纯化LDH

离子交换层析(Ion Exchange Chromatography, IEC)是生物学科一种常用的层析方法，具有操作简单、重复性好、成本较低的特点，广泛应用于生物化学分子(例如氨基酸、核苷酸、蛋白质和糖类等)的分离纯化。由于该法对蛋白质的分辨率较高，在蛋白质纯化工艺中常用于蛋白质粗提物的初始纯化。本实验采用离子交换层析对盐析获得的粗提样品进行LDH初始纯化，为后续LDH精细纯化做准备。

【实验目的】

(1) 理解离子交换层析的基本原理。
(2) 掌握离子交换层析纯化LDH的操作方法。

【实验原理】

离子交换层析是以离子交换剂为固定相，一定pH和离子浓度的溶液为流动相，利用离子交换剂与各种离子亲和力的差异，使混合物中的离子得以分离。

离子交换剂是由不溶的惰性基质、电荷基团和反离子构成，基质与电荷基团以共价键连接，反离子与电荷基团以离子键结合。离子交换剂的反离子与溶液中的离子或离子化合物互相交换。

离子交换剂与水合离子的结合力同离子的电荷量成正比，而与水合离子的半径平方成反比。因此，离子价数越高，与交换剂的结合力越大；相同电荷的离子，原子序数越高，则结合力亦越大。

树脂、纤维素和葡聚糖凝胶均为高分子聚合物，能形成特殊的网状结构，对酸、碱和有机溶剂有良好的化学稳定性，常作为离子交换剂。带负电荷基团的离子交换剂，能与溶液中的阳离子进行交换,故称其为阳离子交换剂;而带正电荷基团的离子交换剂,能与溶液中的阴离子进行交换,即为阴离子交换剂。

蛋白质的带电性取决于溶液的pH。一般情况下,当溶液的pH高于蛋白质的等电点(pI)时,蛋白质表面带负电荷,可与带正电荷的阴离子交换树脂结合;当溶液的pH低于蛋白质的pI时,蛋白质表面带正电荷,可与带负电荷的阳离子交换树脂结合。

本实验中采用Q-Sepharose阴离子交换树脂对《实验1 乳酸脱氢酶(LDH)的提取与鉴定》中LDH粗提样品进行纯化。

【课前思考题】

(1)Q-Sepharose的化学组成是什么?为什么可以采用Q-Sepharose进行离子交换层析?

(2)本实验中为什么要使用pH 8.5的层析缓冲液?

(3)请列举3种能将LDH从柱上洗脱下来的方法。

【实验材料】

1. 仪器与耗材

蠕动泵,紫外检测仪,分部收集器,层析柱(1.5 cm×15.0 cm),Q-Sepharose Fast Flow (FF)等。

2. 材料

牛LDH蛋白质样品。

3. 试剂

酶促反应试剂:0.15 mol·L^{-1} 3-(环己胺)-1-丙磺酸缓冲液(CAPS,pH 10.0),6×10^{-3} mol·L^{-1} NAD$^+$,0.15 mol·L^{-1}乳酸;平衡缓冲液:0.03 mol·L^{-1} N,N-二羟乙基甘氨酸(pH 8.5)或0.02 mol·L^{-1} Tris-HCl缓冲液(pH 8.5);洗脱缓冲液:0.03 mol·L^{-1} N,N-二羟乙基甘氨酸(pH 8.5)或0.02 mol·L^{-1} Tris-HCl缓冲液(pH 8.5),分别含有0.2 mol·L^{-1}、0.4 mol·L^{-1}、0.6 mol·L^{-1}、0.8 mol·L^{-1}和1.0 mol·L^{-1}的NaCl;透析缓冲液:0.02 mol·L^{-1}磷酸盐缓冲液(pH 7.0)。

【实验步骤】

所有实验步骤均在低温(4 ℃)环境下进行。

1. 树脂准备和装柱

(1) 将干燥的 Q-Sepharose FF 树脂粉末浸泡在 10 倍体积的纯净水中若干小时甚至若干天(也可用沸水浴处理 1~5 h),使树脂充分溶胀和浸润。待溶胀充分后用平衡缓冲液洗树脂多次。

(2) 装柱前测量树脂溶液的 pH,使其与样品缓冲液一致,若不一致,倾倒大部分缓冲液,加入新的平衡缓冲液,重新搅拌(不能用搅拌磁子)并测量溶液 pH。

(3) 固定层析柱,在柱中加入少量平衡缓冲液。打开层析柱下出口,排出层析柱底部空气。

(4) 摇匀树脂,将其从层析柱上出口借助玻璃棒引流入柱中,一次完成。

(5) 打开层析柱下出口,随着缓冲液的流出,树脂开始堆积。在树脂堆积的同时从柱上出口缓慢加入大量的平衡缓冲液,直至树脂堆积完成。在整个装柱过程中,确保无气泡进入柱中。

(6) 装柱之后,用 5~10 倍柱体积平衡缓冲液润洗树脂,使其 pH 和离子强度符合实验要求。

2. 样品上柱

(1) 样品溶液上柱前通过 10 000 r/min 离心 15 min 或 0.45 μm 滤膜过滤,除去颗粒物质。

(2) 打开层析柱下出口,控制流速,使平衡缓冲液高于树脂表面 0.5 cm。将样品溶液小心地加入层析柱,当溶液表面与柱内树脂表面重合时关闭下出口(注意不要产生气泡)。在树脂表面缓慢滴加少许平衡缓冲液,等待洗脱。

3. 柱洗脱

(1) 控制洗脱流速为 $1\ mL \cdot min^{-1}$,用 5~10 倍柱体积的平衡缓冲液冲洗层析柱,同时检测流出液在 280 nm 处的吸光度(A_{280nm})。

(2) 层析柱蛋白质洗脱可采用步进洗脱和梯度洗脱两种方式。本实验中采用含有不同浓度的 NaCl 洗脱缓冲液进行步进洗脱,简化步骤,加快洗脱速度。正式洗脱前,使平衡缓冲液与树脂表面尽量平齐,首先加入浓度较低的 NaCl 洗脱缓冲液,用 $1\ mL \cdot min^{-1}$ 的流速洗 5~10 倍柱体积,分部收集器收集洗脱液,紫外检测仪测定 A_{280nm} 值;接着再用浓度较高的 NaCl 洗脱缓冲液逐级洗脱。

(3) 步进洗脱结束后,先用 5~10 倍柱体积的平衡缓冲液洗柱,再用 5~10 倍柱体积的纯净水洗柱。阴离子交换树脂可用 0.002% 洗必泰(此为溶质质量与溶液质量之比,即质量分数,同类的后同)或 20%(体积分数,同类的后同)乙醇保存。

(4)根据A_{280nm}绘制LDH步进洗脱的洗脱液收集管号(或洗脱体积)-A_{280nm}的曲线图(图2.1),选取蛋白峰样品进行蛋白浓度和LDH活力检测,确定LDH回收范围。

(5)将LDH层析回收样品移入透析袋,放入透析缓冲液中,4 ℃透析。

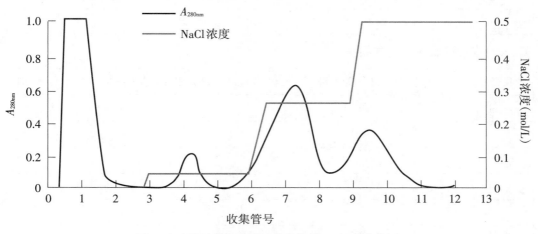

图2.1　步进洗脱的洗脱液收集管号-A_{280nm}的曲线图

【实验结果分析】

1.原始数据统计

(1)上柱前的LDH透析处理样品:

检测项目	结果
样品体积/mL	
稀释倍数	
每分钟A_{340nm}变化量	
LDH相对活力/U·mL^{-1}	
上样样品的体积/mL	
上样样品LDH总活力/U	

(2)平衡缓冲液柱洗脱收集的样品:

收集管号(No.)	测定体积/mL	每分钟A_{340nm}变化量	LDH相对活力/U·mL^{-1}	LDH总活力/U
1#				
2#				
3#				

续表

收集管号(No.)	测定体积/mL	每分钟A_{340nm}变化量	LDH相对活力/U·mL^{-1}	LDH总活力/U
4#				
5#				
...				

(3)步进洗脱收集的样品:

收集管号(No.)	测定体积/mL	每分钟A_{340nm}变化量/min^{-1}	LDH相对活力/U·mL^{-1}	LDH总活力/U
1#				
2#				
3#				
4#				
5#				
...				

2. 数据计算

LDH离子交换层析纯化结果:

测定项目	结果
收集管号(No.)	
回收液体积/mL	
每分钟A_{340nm}变化量	
LDH相对活力/U·mL^{-1}	
LDH总酶活力/U	
LDH回收率/%	
LDH总回收率/%	

【注意事项】

(1)离子交换树脂溶胀和浸润要充分,装柱时要一次完成,不要形成气泡。

(2)上样流速要缓慢,一般使用0.2~1.0 mL·min^{-1}的流速上样。

(3)层析洗脱时间不宜过长,否则容易导致部分目的蛋白质损失。

(4)随着溶液中 NaCl 浓度的增加,柱上结合蛋白质会被依次洗脱下来,流出液中将会检测到蛋白质,一般 NaCl 的浓度在 0.4~0.5 mol·L^{-1} 比较合适。若溶液中 NaCl 浓度较低(≤0.1 mol·L^{-1})时,流出液中就能检测到蛋白质,这就需要改变溶液 pH 以提高蛋白质和树脂的结合力。

【课后思考题】

(1)预测谷氨酸、异亮氨酸、组氨酸、精氨酸和天冬氨酸在 pH 7.0 缓冲液中可能存在的形式。

(2)写出谷氨酸、异亮氨酸、赖氨酸和组氨酸的解离方程式。

(3)采用 Dowex 50 阳离子交换柱分离样品中的天冬氨酸、甘氨酸、苏氨酸、亮氨酸和赖氨酸,样品缓冲液 pH 3.0,采用 pH 梯度洗脱,这几种氨基酸的流出顺序是怎样的?

(4)功能基团的结构和解离常数(pK_a)对氨基酸或肽链 pI 的确定有什么作用?

实验拓展

[1]马成仓,李清芳.离子交换层析法分离大鲵乳酸脱氢酶同工酶[J].淮北煤师院学报(自然科学版),1989,10(2):35-38.

[2]邹岳奇,陈英珠,阎静辉,等.DEAE 离子交换层析法分离和纯化乳酸脱氢酶同工酶[J].河北省科学院学报,1993(1):29-35.

[3]许培雅,邱乐泉.离子交换层析纯化蔗糖酶实验方法改进研究[J].实验室研究与探索,2002,21(3):82-84.

[4]舒一梅,李诚,郑丽君,等.离子交换层析法分离猪股骨降血压肽的研究[J].食品工业科技,2015,36(2):253-256,260.

[5]史伟,禹婷.蛋白质的层析分离[J].内蒙古农业科技,2011(1):110-112.

实验 3 亲和层析法纯化LDH

亲和层析(Affinity Chromatography, AC)的纯化条件温和,操作简单,对被分离成分的选择性强、纯化效率高,往往经一步处理就可获得高纯度的目标蛋白质,是分离蛋白质、酶等生物大分子最有效的方法。本实验采用亲和层析法对离子交换层析处理后的样品进行LDH精细纯化,以提高LDH的比活力和回收率。

【实验目的】

(1) 理解亲和层析的基本原理。
(2) 掌握亲和层析纯化LDH的操作方法。

【实验原理】

亲和层析是利用生物大分子与其配体(如抗原与抗体、激素与其受体、酶与其底物等)专一、可逆的结合性质而设计的层析方法。该方法将具有亲和力的两个分子中的一个(配基)固定在不溶性的惰性基质上,对另一个分子进行分离纯化。由于亲和层析应用的是生物学特异性而不依赖于物理化学性质,故非常适用于分离低浓度的待纯化蛋白质。

本实验采用以辛巴蓝为配基的凝胶层析柱对《实验2 离子交换层析法纯化LDH》中纯化获得的LDH样品进行层析,精细纯化LDH。

【课前思考题】

(1) 在本实验中辛巴蓝的主要作用是什么?
(2) 为什么LDH经过离子交换层析纯化后还要用亲和层析进一步纯化?

(3) 为什么要用含有 NaCl 的洗脱缓冲液对柱上结合蛋白质进行洗脱?

(4) 缓冲液的 pH 对目标蛋白在层析柱中的结合和洗脱有没有影响?为什么?

【实验材料】

1. 仪器与耗材

蠕动泵,紫外检测仪,分部收集器,真空泵,层析柱(1.5 cm×15.0 cm)及其配件,辛巴蓝-Sepharose 树脂(浸泡在 0.02 mol·L^{-1} 磷酸盐缓冲液中,pH 7.0)等。

2. 材料

牛 LDH 蛋白质样品。

3. 试剂

酶促反应缓冲液:0.15 mol·L^{-1} 3-(环己胺)-1-丙磺酸缓冲液(CAPS,pH 10.0);6×10^{-3} mol·L^{-1} NAD$^+$;0.15 mol·L^{-1} 乳酸;平衡缓冲液:0.02 mol·L^{-1} 磷酸盐缓冲液(pH 7.0);洗脱缓冲液:0.02 mol·L^{-1} 磷酸盐缓冲液(pH 7.0),分别含有 0.2 mol·L^{-1},0.4 mol·L^{-1},0.6 mol·L^{-1},0.8 mol·L^{-1} 和 1.0 mol·L^{-1} 的 NaCl,若使用梯度洗脱只需要配制 1.0 mol·L^{-1} NaCl。

【实验步骤】

所有实验步骤均在低温(4 ℃)环境下进行。

1. 树脂准备和装柱

(1) 润洗层析柱,辛巴蓝-Sepharose 树脂抽真空排除气泡。

(2) 采用平衡缓冲液洗树脂多次(每次均需排除气泡),直至树脂溶液的 pH 与样品缓冲液一致。

(3) 固定层析柱,在柱中加入少量平衡缓冲液。打开层析柱下出口,排出层析柱底部空气。

(4) 摇匀树脂,借助玻璃棒将其从层析柱上出口引流入柱中,一次完成。

(5) 打开层析柱下出口,随着缓冲液的流出,树脂开始堆积。在树脂堆积的同时从柱上出口缓慢加入大量的平衡缓冲液,直至树脂堆积完成。在整个装柱过程中,确保无气泡进入柱中。

(6) 装柱之后,用 5~10 倍柱体积的平衡缓冲液润洗树脂,使其 pH 和离子强度符合实验要求。

2. 样品上柱

(1) 样品溶液上柱前通过 10 000 r/min 离心 15 min 或用 0.45 μm 滤膜过滤,除去沉淀和颗粒物质。

(2)打开层析柱下出口,控制流速,使平衡缓冲液高于树脂表面0.5 cm。将蛋白质溶液小心地加入树脂中,同时收集流出液,当溶液表面与柱内树脂表面重合时关闭下出口(注意不要产生气泡)。在树脂表面缓慢滴加少许平衡缓冲液,等待洗脱。

3. 柱洗脱

(1)控制洗脱流速为 $1~\text{mL}\cdot\text{min}^{-1}$,用5~10倍柱体积的平衡缓冲液冲洗层析柱,同时检测流出液在280 nm处的吸光度(A_{280nm})。

(2)层析柱蛋白质洗脱可采用步进洗脱和梯度洗脱两种方式。本实验可采用含有不同浓度的NaCl洗脱缓冲液进行步进洗脱或直接用含有 $1~\text{mol}\cdot\text{L}^{-1}$ 的NaCl洗脱缓冲液进行梯度洗脱。分部收集器收集洗脱液,紫外检测仪测定 A_{280nm},绘制洗脱液收集管号(或洗脱体积)-A_{280nm} 的曲线图,测定蛋白峰样品的LDH活力,确定LDH回收范围。

(3)待步进洗脱结束后,先用5~10倍柱体积的平衡缓冲液洗柱,再用5~10倍柱体积的纯净水洗柱。树脂可用20%乙醇保存。

(4)将LDH层析回收样品移入透析袋,放入 $0.02~\text{mol}\cdot\text{L}^{-1}$ 磷酸盐缓冲液中,4 ℃透析。

(5)若要采用凝胶层析纯化LDH(见《实验4 凝胶过滤层析法纯化LDH》),则需采用超滤管或真空干燥器将透析样品浓缩到1 mL。

【实验结果分析】

1. 原始数据统计

(1)上柱前的LDH透析处理样品:

检测项目	结果
样品体积/mL	
稀释倍数	
每分钟A_{340nm}变化量	
LDH相对活力/$U\cdot mL^{-1}$	
上样样品的体积/mL	
上样样品LDH总活力/U	

(2)平衡缓冲液柱洗脱收集的样品:

收集管号(No.)	测定体积/mL	每分钟A_{340nm}变化量	LDH相对活力/$U\cdot mL^{-1}$	LDH总活力/U
1#				

续表

收集管号(No.)	测定体积/mL	每分钟A_{340nm}变化量	LDH相对活力/$U \cdot mL^{-1}$	LDH总活力/U
2#				
3#				
4#				
5#				
…				

(3)步进洗脱收集的样品:

收集管号(No.)	测定体积/mL	每分钟A_{340nm}变化量	LDH相对活力/$U \cdot mL^{-1}$	LDH总活力/U
1#				
2#				
3#				
4#				
5#				
…				

2.数据计算

LDH亲和层析纯化结果:

测定项目	结果
收集管号(No.)	
回收液体积/mL	
每分钟A_{340nm}变化量	
LDH相对活力/$U \cdot mL^{-1}$	
LDH总酶活力/U	
LDH回收率/%	
LDH总回收率/%	

【注意事项】

(1)亲和层析上样量不宜过大,浓度不宜过高,否则会造成层析柱过载,洗脱峰变宽。

(2)上样流速要缓慢,一般使用0.2~0.5 $mL \cdot min^{-1}$流速上样,以保证样品和亲和树脂之间有充分的接触时间。

(3)由于蛋白质和配体之间的亲和力随着温度的升高而下降,因此上样应在较低的温度下进行,洗脱可以略微提高温度(不能太高,否则LDH易失活)。

(4)由于亲和吸附达到平衡的时间比较长,洗脱时间较长,容易导致部分蛋白质受到损失,因此可以适当加大洗脱液浓度来缩短洗脱时间和减少洗脱液用量。

【课后思考题】

(1)影响配体和目标蛋白质亲和力的因素有哪些?

(2)为什么要选用含有不同离子浓度的NaCl缓冲液进行洗脱?

(3)列举3种能和辛巴蓝-Sepharose树脂结合的酶。

(4)比较AMP-Sepharose和辛巴蓝-Sepharose树脂分离纯化LDH的优缺点。

(5)牛的LDH有5种带有不同静电荷的同工酶,电荷差异如何影响LDH在亲和层析以及离子交换层析中的分离?

(6)如果NAD^+和NADH可以用于LDH的亲和层析洗脱,你会选哪一个? 为什么?

实验拓展

[1]莫旖,潘立栋,柳畅先.亲和层析分离纯化乳酸脱氢酶[J].分析科学学报,2011,27(6):767-769.

[2]司晓辉,赵兴波,郑玉才,等.藏系绵羊乳酸脱氢酶A的分离纯化和酶学性质[J].农业生物技术学报,2006,14(2):178-182.

[3]邹岳奇,阎静辉,刘玉翠,等.5′-AMP-QT_4亲和层析一步纯化乳酸脱氢酶[J].河北省科学院学报,1991(3):72-75.

[4]李杨,韩梅.亲和层析技术在生物科学中的应用及发展[J].生命科学研究,2006,10(1):12-17.

[5]白利涛,张丽萍.酶及蛋白质分离纯化技术研究进展[J].安徽农业科学,2012,40(14):8018-8020,8034.

凝胶过滤层析法纯化LDH

凝胶过滤层析(Gel Filtration Chromatography,GFC)所使用的凝胶属于惰性载体,吸附力弱,操作温度范围广,操作条件温和,不影响分离成分的理化性质,因此在蛋白质纯化工艺中凝胶过滤层析技术可用于样品脱盐、小分子杂质的去除、蛋白质的精细纯化、蛋白质样品的浓缩和蛋白质相对分子质量的测定。本实验采用凝胶过滤层析对亲和层析获得的LDH精细纯化样品进行脱盐处理,并测定LDH的相对分子质量。

【实验目的】

(1)理解凝胶过滤层析的基本原理。
(2)掌握凝胶过滤层析纯化LDH的操作方法。

【实验原理】

凝胶过滤层析又称为分子筛层析或分子排阻层析,是以多孔凝胶为固定相,利用流动相中各种组分的分子大小不同达到物质分离目的的层析技术。该技术可以采用葡聚糖凝胶、聚丙烯酰胺凝胶和琼脂糖凝胶等多孔介质作为固定相。当含有各种物质的组分流经多孔介质时,大分子物质因为直径大,不易进入多孔介质的微孔,直接沿着凝胶颗粒的间隙快速流出介质;小分子物质能够进入凝胶颗粒的微孔内,移动速度较慢。因此,样品中的各组分按照相对分子质量由大到小的顺序依次流出介质,从而达到分离的目的。

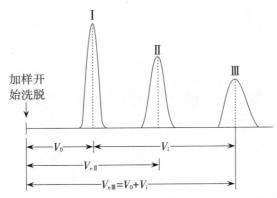

图4.1　三个不同大小分子组分上柱洗脱曲线示意图

Ⅰ. 完全排阻的大分子；Ⅱ. 中等大小的分子；Ⅲ. 完全渗透的小分子

如图4.1，安全排阻的大分子，只需要V_0体积的缓冲液就能从凝胶柱的一端洗脱到另一端，而小于凝胶孔隙的小分子的洗脱则需要$V_{eⅢ}$即V_0+V_i体积的洗脱液，中等大小的分子洗脱所需要的洗脱液$V_{eⅡ}$介于V_0和$V_{eⅢ}$之间。

外水体积(V_0)可通过测定完全排阻的大分子物质(如蓝色葡聚糖-2000)的洗脱体积确定；内水体积($V_{eⅢ}$)可以通过测定完全渗透的小分子物质(如重铬酸钾)的洗脱体积确定。

与离子交换层析和亲和层析不同，凝胶过滤层析的介质不需要与蛋白质发生化学结合，可以明显降低因不可逆结合所致的蛋白质损失和失活，洗脱时不需要更换蛋白质缓冲液或降低缓冲液的离子强度。凝胶过滤层析还可以用来测定球形蛋白质的相对分子质量。

球形蛋白质分子没有显著的水合作用，相对分子质量不同的蛋白质进入凝胶孔隙的程度不同，蛋白质的洗脱体积取决于相对分子质量的大小。相对分子质量为10 000~15 000的球形分子在葡聚糖凝胶中的有效分配系数与蛋白质相对分子质量的对数成线性关系。

$$K_{av}=-a\lg M_r+b$$

由于V_e与K_{av}也成线性关系，所以同样有：

$$V_e=-a'\lg M_r+b'$$

因此，可以利用已知相对分子质量的标准蛋白质在某一型号的葡聚糖凝胶上层析的洗脱体积，制作洗脱体积(V_e)-蛋白质相对分子质量对数($\lg M_r$)标准曲线图，确定a'和b'。未知相对分子质量的蛋白质在同等条件下进行层析，由其洗脱体积和标准曲线确定其相对分子质量。

本实验中采用Sephadex G-150(也可以使用Sepharyl S-200)凝胶对《实验3 亲和层析法纯化LDH》中LDH提取样品进行脱盐处理,同时检测LDH的相对分子质量。

【课前思考题】

(1)上样前为什么要预先加入少量缓冲液?为什么要缓慢上样?

(2)Sephadex G-150和Sepharyl S-200,选择哪种介质更有利于LDH的纯化?为什么?

(3)为什么要防止凝胶柱缓冲液流干?

【实验材料】

1. 仪器与耗材

蠕动泵,紫外检测仪,分部收集器,层析柱(1.5 cm×60.0 cm),Sephadex G-150(常规孔径)或Sepharyl S-200凝胶等。

2. 材料

牛LDH蛋白质样品。

3. 试剂

洗脱缓冲液:$0.05\ mol \cdot L^{-1}$磷酸盐缓冲液(pH 7.0);酶促反应试剂:$0.15\ mol \cdot L^{-1}$ 3-(环己胺)-1-丙磺酸缓冲液(CAPS,pH 10.0);$6 \times 10^{-3}\ mol \cdot L^{-1}\ NAD^+$;$0.15\ mol \cdot L^{-1}$乳酸。

【实验步骤】

所有实验步骤均在低温(4 ℃)环境下进行。

1. 凝胶的溶胀和装柱

(1)将干燥的Sephadex G-150或Sepharyl S-200凝胶颗粒浸泡在10倍体积缓冲液中24 h或数天,使其充分溶胀,也可用沸水浴处理1~2 h加速溶胀,溶胀后的凝胶需用真空泵排泡。

(2)固定层析柱,在柱中加入少量平衡缓冲液。打开层析柱下出口,排出层析柱底部空气。

(3)装柱前溶胀凝胶和缓冲液按1∶3的比例混合,摇匀后,将其从层析柱上出口借助玻璃棒引流入柱中,一次完成。

(4)打开层析柱下出口,随着缓冲液的流出,凝胶开始堆积。在凝胶堆积的同时从柱上出口缓慢加入大量的缓冲液,直至凝胶堆积完成。在整个装柱过程中,确保无气泡进入柱中。

(5)装柱之后,用缓冲液润洗凝胶柱,使其稳定和平衡。

2. 样品上柱

(1)样品溶液上柱前通过 10 000 r/min 离心 15 min 或用 0.45 μm 滤膜过滤,除去颗粒物质。

(2)打开层析柱下出口,控制流速,使缓冲液高于凝胶表面 0.5 cm,关闭下出口。将样品溶液小心地加入柱床表面,当样品加到柱床表面以上 2~3 cm 时,打开下出口,让样品进入柱床。加完样品后,先用小体积洗脱液清洗柱床表面 1~2 次(动作要轻,不能搅动柱床表面),同时打开蠕动泵开始层析。

3. 柱洗脱

(1)使用蠕动泵控制洗脱流速,用缓冲液冲洗层析柱,同时检测流出液在 280 nm 处的吸光度(A_{280nm})值。

(2)待蛋白质全部被洗脱以后,用 5~10 倍柱体积的缓冲液重新洗柱,再用 5~10 倍柱体积的纯净水洗柱,最后将凝胶保存在 20% 乙醇中。

(3)根据 A_{280nm} 绘制样品洗脱体积-A_{280nm} 曲线,选取蛋白峰样品进行蛋白质浓度和 LDH 活力的检测,确定 LDH 回收范围及其总洗脱体积。

4. LDH 相对分子质量的测定(凝胶过滤层析只适用于球形非变性蛋白质相对分子质量的测定)

(1)选取 5~7 种已知相对分子质量的标准蛋白(相对分子质量为 10 000~70 000),按比例共同溶于 2 mL 缓冲溶液中。

(2)将 2 mL 标准蛋白的混合溶液上柱,用缓冲液洗脱,分部收集器收集流出液,紫外检测仪测定 A_{280nm}。以收集管号为横坐标,A_{280nm} 值为纵坐标绘制洗脱曲线。

(3)根据洗脱曲线,确定每种蛋白的洗脱体积(V_e)。以 V_e 为横坐标,蛋白质相对分子质量为纵坐标制作 V_e-$\lg M_r$ 标准曲线,确定 $V_e = -a' \lg M_r + b'$ 中 a' 和 b' 的值(图 4.2)。由标准曲线方程确定 LDH 的相对分子质量。

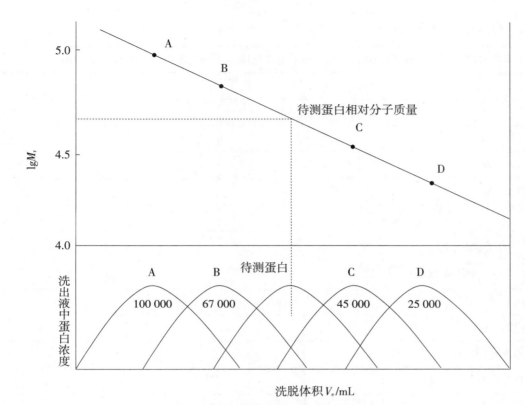

图 4.2　洗脱体积（V_e）与洗脱蛋白相对分子质量（M_r）的关系

【实验结果分析】

1. 原始数据统计

（1）上柱前的 LDH 透析或浓缩样品：

检测项目	结果
样品体积/mL	
稀释倍数	
每分钟 A_{340nm} 变化量	
LDH 相对活力/U·mL^{-1}	
上样样品的体积/mL	
上样样品 LDH 总活力/U	

(2)柱洗脱收集的样品：

收集管号(No.)	测定体积/mL	每分钟A_{340nm}变化量	LDH相对活力/$U \cdot mL^{-1}$	LDH总活力/U
1#				
2#				
3#				
4#				
5#				
…				

2. 数据计算

(1)LDH凝胶层析纯化结果：

测定项目	结果
收集管号(No.)	
回收液体积/mL	
每分钟A_{340nm}变化量	
LDH相对活力/$U \cdot mL^{-1}$	
LDH总酶活力/U	
LDH回收率/%	
LDH总回收率/%	

(2)计算LDH V_e/V_0的比率。

(3)通过方程$V_e = -a' \lg M_r + b'$计算LDH的相对分子质量。

(4)LDH纯化总表：

纯化步骤	LDH相对活力/$U \cdot mL^{-1}$	LDH总活力/U	LDH回收率/%	蛋白含量/$mg \cdot mL^{-1}$	LDH比活力/$U \cdot mg^{-1}$	纯化倍数
组织匀浆						
20 000 r/min 离心处理后的上清液						
饱和度65%$(NH_4)_2SO_4$盐析处理后的沉淀						

续表

纯化步骤	LDH相对活力/U·mL^{-1}	LDH总活力/U	LDH回收率/%	蛋白含量/mg·mL^{-1}	LDH比活力/U·mg^{-1}	纯化倍数
饱和度65%(NH$_4$)$_2$SO$_4$盐析沉淀经透析处理后的溶液						
离子交换层析(IEC)处理后的收集样品						
IEC收集液经透析处理后的样品						
亲和层析(AC)处理后的收集样品						
AC收集液经浓缩处理后的样品						
凝胶过滤层析(GFC)处理后的收集样品						
GFC收集样品经浓缩处理后的样品						

【注意事项】

(1)层析柱的气泡和不均一性会降低层析分辨率,所以层析纯化前要仔细检查柱内凝胶的均匀性。

(2)用于上样的蛋白质样品应预先浓缩(10~20 mg·mL^{-1}),体积尽量小(一般为柱体积的1%~5%),黏度不能太高,否则会降低蛋白质的分离效果。

(3)使用蠕动泵控制洗脱流速时,泵的压力不应超过凝胶的耐受程度。

(4)层析洗脱时间不宜过长,否则容易导致部分目的蛋白受到损失。

【课后思考题】

(1)在凝胶过滤层析中,为什么大分子物质要先于小分子物质从柱中洗脱出来?

(2)用Sephadex G-75是否能将乙醇脱氢酶(相对分子质量为150 000)和β-淀粉酶(相对分子质量为200 000)分开?为什么?

(3) V_e-$\lg M_r$ 标准曲线和 K_d-$\lg M_r$ 标准曲线在计算球形蛋白质相对分子质量时哪个更好？为什么？

(4) 为什么凝胶柱又细又长而离子交换柱又短又粗？

实验拓展

[1] 王娜娜,姚秀清,谢小莉,等.凝胶层析法测定蛋白含量的方法[J].应用化工,2011,40(5):906-908.

[2] 刘明,晁代军,王淑娟.凝胶层析分离蛋白质的实验改进[J].哈尔滨医科大学学报,2000(5):315.

[3] 薛金艳,李俏俏,王云飞,等.凝胶层析分离蛋白质实验方法的优化[J].哈尔滨医科大学学报,2010,44(6):627-628.

[4] 李翠蓉.凝胶层析脱盐技术应用[J].石河子科技,2009(6):43-45.

[5] 卫秀英,刘荷芬,汤菊香,等.葡聚糖凝胶层析——蛋白质脱盐实验的技术改进[J].河南职技师院学报,1994(4):27-30.

实验 5

蛋白质含量的测定（考马斯亮蓝法）

目前测定蛋白质含量的方法有很多，如凯氏定氮法、紫外吸收法、双缩脲法、Folin-酚试剂法（Lowry 法）和考马斯亮蓝法（Bradford 法）。Lowry 法的灵敏度是双缩脲法的 100 倍以上，Bradford 法的灵敏度比 Lowry 法约高 4 倍，是紫外吸收法的 10~20 倍。凯氏定氮法灵敏度高，但方法复杂，测定时间长。Bradford 法测定时间短，测定一个样品只需要几分钟。因此，本实验以 Bradford 法为例介绍测定蛋白质含量的原理和方法。

【实验目的】

（1）了解 Bradford 法测定蛋白质含量的原理。
（2）掌握 Bradford 法测定蛋白质含量的基本操作方法。

【实验原理】

染料考马斯亮蓝 G-250 具有红色和青色两种颜色。在酸性溶液中，游离的考马斯亮蓝 G-250 呈棕红色，与蛋白质结合后，蛋白-染料复合物为青色，在 595 nm 波长处具有最大吸光度。在一定范围内，蛋白质浓度与 595 nm 处的吸光度成正比，因此可以通过检测染料在 595 nm 处的吸光度的增加量获得与其结合的蛋白质含量。

考马斯亮蓝与蛋白质结合反应迅速，2 min 内即呈现最大吸光度，并且可以稳定 1 h 左右。染料-蛋白质复合物具有较高的消光系数，检测灵敏度高，测定蛋白质的含量范围为 10~100 mg，微量测定法测定范围可达 1~10 mg。该方法重复性好，精确度高，线性关系好，干扰物少，现已广泛应用于蛋白质含量的测定。

【课前思考题】

(1) 为什么可以用大试管做 Bradford 法测定蛋白质含量的实验?

(2) 在标准化 Bradford 法测定蛋白质含量的实验中,为什么加入 Bradford 试剂前不需要将所有样品的体积调整一致?

(3) 为什么不需要用缓冲液预先稀释蛋白质样品?

【实验材料】

1. 仪器与耗材

紫外-可见分光光度计,比色皿等。

2. 材料

牛 LDH 蛋白质提纯液。

3. 试剂

Bradford 试剂(试剂盒),牛血清白蛋白(BSA)标准样品。

【实验步骤】

(1) 打开紫外-可见分光光度计,设置检测波长为 595 nm。

(2) 取试管,按表 5.1 编号,并依次加入各试剂。

表 5.1 考马斯亮蓝法测定蛋白质含量加样表

加入项	管号(No.)									
	0#	1#	2#	3#	4#	5#	6#	7#	8#	测定管
BSA 标准品/μL	0	10	20	30	40	50	60	75	100	0
LDH 待测样品/μL	0	0	0	0	0	0	0	0	0	100
纯净水/μL	100	90	80	70	60	50	40	25	0	0
Bradford 试剂/mL	5.0	5.0	5.0	5.0	5.0	5.0	5.0	5.0	5.0	5.0

(3) 加入 Bradford 试剂后,立即涡旋混匀,静置 5 min。

(4) 待试管静置时,以 0#试管(无蛋白缓冲液)作为空白对照,调节紫外-可见分光光度计在 595 nm 处的吸光度(A_{595nm})为 0。

(5) 将 3 mL 左右的混合溶液从试管倒入比色皿,测定各管的 A_{595nm}。以 BSA 含量为横坐标,A_{595nm} 为纵坐标绘制标准曲线。

(6) 对照标准曲线,计算 LDH 提纯样品的蛋白质含量。

【实验结果分析】

1.原始数据统计

(1)标准曲线绘制:

测定项	管号(No.)								
	0#	1#	2#	3#	4#	5#	6#	7#	8#
BSA体积/μL	0	10	20	30	40	50	60	75	100
蛋白质量/μg									
A_{595nm}									

(2)LDH纯化液中蛋白质浓度的测定:

纯化步骤	稀释倍数	体积/μL	A_{595nm}	蛋白质的质量/mg	蛋白质浓度/mg·mL^{-1}
组织匀浆					
20 000 r/min 离心处理后的上清液					
饱和度65% (NH$_4$)$_2$SO$_4$盐析处理后的沉淀					
饱和度65% (NH$_4$)$_2$SO$_4$盐析沉淀经透析处理后的溶液					
离子交换层析(IEC)处理后的收集样品					
IEC收集液经透析处理后的样品					
亲和层析(AC)处理后的收集样品					
AC收集液经浓缩处理后的样品					
凝胶层析(GFC)处理后的收集样品					
GFC收集样品经浓缩处理后的样品					

2.**数据计算**

(1)根据数据统计结果绘制蛋白质浓度标准曲线。

(2)依据蛋白浓度标准曲线,计算LDH各纯化步骤获得样品的蛋白质浓度。

【注意事项】

(1)待测样品中加入Bradford试剂后,5~20 min之内完成检测。比色超过1 h,样品中的蛋白质可与染料混合发生沉淀影响检测结果。

(2)由于Bradford试剂中的考马斯亮蓝染色能力强,不能使用石英比色皿,可选用玻璃比色皿。比色皿使用之前先用95%乙醇泡洗,再用纯净水冲洗干净,使用后立即用95%乙醇荡洗,以去除染色液。

【课后思考题】

(1)LDH各纯化步骤获得样品的蛋白质浓度的变化趋势对LDH的提纯有意义吗?为什么?

(2)试述透射比、透射百分比、吸光度和消光系数的概念。

(3)如何计算波长260 nm处NADH的消光系数?

实验拓展

[1]王孝平,邢树礼.考马斯亮蓝法测定蛋白含量的研究[J].天津化工,2009,23(3):40-42.

[2]徐杰伟,温少磊,蔡早育.考马斯亮蓝法测定微量蛋白的条件探讨[J].江西医学检验,2003,21(5):353-354.

[3]陈晓梅,刘雅文,程熠,等.考马斯亮蓝法蛋白定量标准曲线稳定性观察[J].中国公共卫生,2006,22(3):380-381.

[4]李娟,张耀庭,曾伟,等.应用考马斯亮蓝法测定总蛋白含量[J].中国生物制品学杂志,2000,13(2):118-120.

[5]焦洁.考马斯亮蓝G-250染色法测定苜蓿中可溶性蛋白含量[J].农业工程技术,2016(6):33-34.

[6]邓丽莉,潘晓倩,生吉萍,等.考马斯亮蓝法测定苹果组织微量可溶性蛋白含量的条件优化[J].食品科学,2012,33(24):185-189.

实验 6

LDH酶活力测定

酶活力通常以最适条件下酶所催化的化学反应的速度来确定,酶催化一定化学反应的能力称酶活力。测定酶活力实际上就是测定酶促反应进行的速度。一般采用测定酶促反应初速度的方法来测定酶活力,反应速度可以用单位时间内底物减少或产物增加的量来表示。因为底物往往过量,其变化不易测准,而产物浓度从无到有,变化较大,所以多用产物增加的量来测定。本实验以牛LDH蛋白质提纯液为例介绍LDH酶活力测定方法,了解底物浓度以及酶浓度对酶促反应速度的影响。

【实验目的】

(1)理解紫外–可见吸收光谱分析法的基本原理。
(2)掌握酶活力测定的原理与方法。
(3)了解底物浓度以及酶浓度对酶促反应速度的影响。
(4)学会酶促反应动力学重要指标K_m、V_{max}和K_{cat}的计算方法。

【实验原理】

紫外–可见吸收光谱技术是研究物质在紫外–可见光区(波长为190~800 nm处)分子吸收光谱的分析方法。分子在可见光区和紫外光区的吸收光谱是由分子中联系较松散的价电子被光能激发,产生能级跃迁,吸收光辐射能量产生的。利用该法可以对物质进行定性、定量以及物质结构分析。

LDH可溶于水或稀盐溶液中,催化乳酸和丙酮酸之间的可逆转化。NAD^+作为LDH的辅酶,在乳酸和丙酮酸的可逆转化过程中,发生NAD^+与NADH转化。NAD^+和NADH分别在波长260 nm和340 nm处有各自的最大吸收峰,因此可以通过检测340 nm处的吸光度的改变,测定酶的LDH活力。本实验在一定条件下向含有乳酸和NAD^+的溶液中加入一定量的酶液，观察反应过程中NADH在340 nm处吸光度(A_{340nm})值的变化，从而间接计算LDH活力。

【课前思考题】

(1)米氏方程是如何推导的？其参数有什么意义？
(2)如何计算酶促反应的V_{max}和K_m值？
(3)如何绘制反应速度v和底物浓度$[S]$的动力学曲线图？

【实验材料】

1. 仪器与耗材

可见分光光度计，比色皿等。

2. 材料

牛LDH蛋白质提纯液。

3. 试剂

酶促反应缓冲液：0.15 mol·L^{-1} 3-环己胺-1-丙磺酸缓冲液(CAPS，pH 10.0)；$6×10^{-3}$ mol·L^{-1} NAD$^+$；0.15 mol·L^{-1}乳酸。

【实验步骤】

(1)预先将酶促反应缓冲液在25 ℃水浴中预热。准备5支试管，按照以下反应体系加入反应液：

1.9 mL 0.15 mol·L^{-1} CAPS(pH 10.0)

0.5 mL $6×10^{-3}$ mol·L^{-1} NAD$^+$

0.5 mL 0.15 mol·L^{-1}乳酸

每个反应体系中分别加入不同浓度(提取液的蛋白质初始浓度可由实验5检测获得，通过稀释LDH提取液改变LDH浓度)的LDH提取液10 μL，纯净水90 μL，颠倒混匀后倒入比色皿中，立即计时，每隔15 s检测一次混合液的A_{340nm}，连续测定2 min。以A_{340nm}为纵坐标，检测时间(t)为横坐标绘制反应曲线图，取反应最初线性部分计算每分钟A_{340nm}的上升值(ΔA_{340nm}/min)。确定ΔA_{340nm}/min为0.2时加入LDH提取液的稀释度(或加入量)(ΔA_{340nm}/min值也可以在0.15~0.25区间内选择)。

(2)在保证LDH加入量不变的基础上，利用NAD$^+$标准溶液调节酶促反应中NAD$^+$的含量，使反应液中NAD$^+$的体积逐渐减少，而反应液的总体积保持不变(用纯净水补足体积)。

(3)每隔15 s检测一次混合液的A_{340nm},并计算每分钟A_{340nm}的变化量。如果NAD^+的体积已降至50 μL以下,酶活力仍未显著下降,则可对NAD^+标准溶液进行稀释,再次实验。

(4)在酶活力从100 U降至0 U的过程中,至少设定6个检测点进行数据分析。

(5)反应起始,计算每个比色皿中NAD^+的浓度以及酶的初始活力。

(6)根据上述结果绘制酶动力曲线图,计算NAD^+的K_m和已知含量酶的V_{max}。

(7)在假定相对分子质量为150 000且反应液中所有蛋白质均为LDH的前提下,利用已知蛋白质浓度的LDH样品计算样品中LDH的转化数(K_{cat})。

【实验结果分析】

1. 原始数据统计

(1)酶体积改变时反应液的A_{340nm}值统计:

试管号(No.)	酶液体积/mL	0 s	15 s	30 s	45 s	60 s	75 s	90 s	⋯
1#									
2#									
3#									
4#									
5#									

(2)底物浓度改变时反应液的A_{340nm}值统计:

试管号(No.)	底物体积/mL	0 s	15 s	30 s	45 s	60 s	75 s	90 s	⋯
1#									
2#									
3#									
4#									
5#									

2. 数据计算

(1)本实验中LDH的活力单位定义:在25 ℃,pH 10.0的条件下,每分钟催化1 μmol乳酸转化为丙酮酸所用LDH的量为1 U,1 U=1 $\mu mol \cdot min^{-1}$。

(2)检测A_{340nm},绘制A_{340nm}-t曲线图,确定酶促反应初始速度(若采用其他方法进行计算需加以说明)。

(3)绘制反应速率(v)-酶浓度(E)曲线图,v以 $\mu mol \cdot min^{-1}$ 为单位。根据比尔定律和NADH消光系数计算LDH活力。计算公式如下:

$$LDH活力 = \frac{\Delta A_{340nm}}{\varepsilon b} \times \frac{1}{t} \times V_{反}$$

式中:

ΔA_{340nm}:溶液在340 nm处吸光度的变化量,无单位;

ε:吸光物质的摩尔吸光系数,单位为 $L \cdot (mol \cdot cm)^{-1}$,1 cm比色皿内吸光物质的摩尔吸光系数为 6 220 $L \cdot (mol \cdot cm)^{-1}$;

b:光程,即光线穿过溶液的距离,通常为比色皿透光面宽度,单位为cm;

t:反应时间,单位为min;

$V_{反}$:反应液体积,单位为L。

$$LDH相对活力 = \frac{LDH活力}{样品体积}$$

$$LDH总活力 = LDH相对活力 \times 样品总体积$$

(4)将计算结果填入下表:

试管号(No.)	酶液体积/mL	每分钟A_{340nm}的变化量	LDH活力/U
1#			
2#			
3#			
4#			
5#			

(5)计算反应起始时测定管中底物浓度以及底物浓度改变时的酶活力,并将结果填入下表:

试管号(No.)	底物体积/mL	NAD$^+$含量/mol·L^{-1}	每分钟A_{340nm}的变化量	LDH活力/U
1#				
2#				
3#				
4#				
5#				

(6)根据米氏方程绘制曲线图。以v和$[S]$为横纵坐标,估测K_m和V_{max}。

米氏方程曲线图中K_m_____

米氏方程曲线图中V_{max}_____

(7)绘制双倒数线形图,确定K_m和V_{max}。

双倒数线形图中K_m_____

双倒数线形图中V_{max}_____

(8)假定LDH的相对分子质量为150 000,利用之前计算获得的蛋白质浓度来确定反应速度达到V_{max}时,反应液中LDH的浓度。

(9)转化率(K_{cat})是指最大速率下1 moL酶每分钟催化底物的分子数。根据(6)中计算结果以及双倒数线形图中获得的V_{max}计算LDH的转换率。

【注意事项】

酶促反应先加水,最后加LDH纯化样品以启动反应。

【课后思考题】

(1)若想要确定乳酸的K_m,应如何设计实验?

(2)本实验为什么选择确定NAD^+的K_m而不是乳酸的K_m?

(3)为什么要做米氏方程双曲线的线性转换?

(4)V_{max}是一个恒定的值吗?为什么?

[1] 焦连亭,臧璟琳.酶活力测定温度系数推荐值[J].江西医学检验,2001,19(1):45-46.

[2] 朱爱萍,侯云霞,郭书云,等.血清酶活力测定系数的校正方法和比较[J].山西临床医药杂志,2001,10(12):937.

[3] 刘杨柳,武小芳,李可心,等.不同底物对蛋白酶K酶活力测定的影响[J].河北农业大学学报,2017,40(1):54-59.

[4] 纪建业.脂肪酶活力测定方法的改进[J].通化师范学院学报,2005,26(6):51-53.

实验 7

非变性凝胶电泳分离LDH同工酶

存在于同一种属或不同种属,同一个体的不同组织或同一组织的酶,作用于同一种底物,催化相同的化学反应,而酶蛋白的分子结构、理化性质乃至免疫学性质不同,这样的一组酶为同工酶(isoenzyme)。通过电泳分离出来的同工酶带,再采用酶组织化学技术染色形成酶谱即可对同工酶进行分析鉴定。同工酶电泳技术可用于某些疾病的临床诊断、杂种突变体的鉴定和动植物亲缘关系的分析等方面,在医学、生物和农业等多个领域应用广泛,因此必须掌握同工酶的分离方法。本实验采用琼脂糖凝胶电泳来分离LDH同工酶。

【实验目的】

(1)掌握琼脂糖凝胶电泳技术。
(2)熟悉利用琼脂糖凝胶电泳分离LDH同工酶的方法。

【实验原理】

LDH是由2种亚基组成的四聚体,即心肌型(H型)和骨骼肌型(M型)2种亚基,这2种亚基以不同的比例组成5种同工酶(LDH1,LDH2,LDH3,LDH4,LDH5)。H亚基为酸性基团,其含量越多,此酶的等电点越低,与缓冲溶液pH的差值就越大,电泳迁移率就越快。因此,根据电泳迁移率的速度不同,可分成5条区带。

【课前思考题】

(1)需要称量多少琼脂糖来制成凝胶?
(2)电泳结束后LDH如何显色?

【实验材料】

1.仪器与耗材

手术剪,镊子,电泳仪,电泳槽,离心机,匀浆机等。

2.材料

新鲜牛肉。

3.试剂

0.01 mol·L^{-1} 磷酸盐缓冲液(PBS,pH 7.5);巴比妥缓冲液(pH 8.6);5 g·L^{-1}、8 g·L^{-1} 琼脂糖凝胶;显色试剂:D-L-乳酸钠 1 g·L^{-1},吩嗪二甲酯硫酸盐(PMS),10 g·L^{-1} NAD$^+$,1 g·L^{-1} 氯化硝基四氮唑蓝(NBT)。

【实验步骤】

(1)组织匀浆:取新鲜牛肉 10 g 于烧杯中,用 0.01 mol·L^{-1} PBS 缓冲液冲洗 2~3 次,剪碎,然后加少量的 PBS 缓冲液,匀浆研磨,使细胞破碎。

(2)离心:取组织匀浆液,4 000 r/min 离心 10 min,取上清液 1 mL 于 1.5 mL 离心管中。

(3)制备琼脂糖凝胶胶板:取冰箱保存的 5 g·L^{-1} 的琼脂糖凝胶,置沸水浴中加热熔化,用 2 mL 移液管取已熔化的凝胶 1.8~2.0 mL,均匀快速地铺于洁净的玻片上。

(4)制点样槽:冷凝前,在凝胶板一端 1.2~1.5 cm 处将制胶梳子垂直插入,不能触到玻片。

(5)点样:取上清液 10 μL,垂直均匀点样。

(6)电泳:设置恒定电压 110 V,点样端接负极,电泳 40 min。

(7)显色:将底物显色液与沸水浴熔化的 8 g·L^{-1} 琼脂糖按 4∶5 的比例混合,制成显色凝胶液,置 50 ℃热水中备用,注意避光。电泳结束后,将显色凝胶加载凝胶玻片上,置 37 ℃烤箱中,处理 15 min。

【实验结果分析】

由于 5 种同工酶中酸性基团 H 亚基的含量不同,其电泳迁移的速度不同,$v_{LDH1}>v_{LDH2}>v_{LDH3}>v_{LDH4}>v_{LDH5}$,因此可分成 5 条区带。

【注意事项】

(1)标本新鲜,室温保存,PBS 液浸泡。

(2)底物显色液现用现配,用棕色试剂瓶装,避光保存于50 ℃水浴箱中,复溶后无效。

(3)LDH4、LDH5对冷热均敏感,应严格控制温度,底物显色液若超过50 ℃,或标本放置温度过低,均容易破坏LDH4和LDH5。

【课后思考题】

(1)5种LDH同工酶在动物正常状态下和病理状态下的含量是否有差异?

(2)5种同工酶的理论迁移速度分别是多少?电泳结果是否与理论值有差异?原因是什么?

实验拓展

[1]桂晓美,杨德昌.乳酸脱氢酶同工酶的临床意义分析[J].检验医学,2005,20(1):3.

[2]赵赣,张守全,黄肖武,等.一种改进的乳酸脱氢酶同工酶染色法[J].生物化学与生物物理进展,2000,27(4):438-439.

[3]刘泽军.乳酸脱氢酶同工酶酶谱异常谱型解析[J].国外医学临床生物化学与检验学分册,1998,19(4):153-155.

[4]费正,吕红,庄庆祺,等.乳酸脱氢酶同工酶1试剂盒的研制及探讨[J].上海医科大学学报,1996,23(5):382-384.

[5]赵中珩,任波,管立学,等.琼脂糖凝胶电泳分离血清乳酸脱氢酶同工酶方法探讨[J].临沂医专学报,1988,10(3/4):123-130.

[6]陈凤英,曾科文,潘时,等.25种脊椎动物不同组织乳酸脱氢酶同工酶谱比较[J].东北林业大学学报,1990,18(2):59-66.

实验 8

聚丙烯酰胺凝胶电泳测定LDH相对分子质量

蛋白质相对分子质量是蛋白质的最基本性质,是蛋白质鉴定和分析的重要依据,测定蛋白质相对分子质量的方法有很多,如黏度法、凝胶过滤层析法、凝胶渗透色谱法、SDS-凝胶电泳、渗透压法和质谱法等。聚丙烯酰胺凝胶电泳(Polyacrylamide Gel Electrophoresis,PAGE)是以聚丙烯酰胺凝胶作为支持介质的电泳方法,在这种支持介质上可根据被分离物质分子大小和分子电荷多少等来分离蛋白质。本实验采用含有十二烷基磺酸钠(Sodium Dodecyl Sulfonate,SDS)的PAGE测定LDH相对分子质量,以学习凝胶电泳测定蛋白质相对分子质量的原理和方法。

【实验目的】

(1)掌握聚丙烯酰胺凝胶电泳的原理及未知蛋白质相对分子质量的测定方法。
(2)熟悉聚丙烯酰胺凝胶电泳相关缓冲液的配制方法。

【实验原理】

聚丙烯酰胺凝胶为网状结构,具有分子筛效应。它有2种形式:非变性聚丙烯酰胺凝胶电泳(Native-PAGE)和十二烷基磺酸钠–聚丙烯酰胺凝胶电泳(SDS-PAGE,变性聚丙烯酰胺凝胶电泳)。

在非变性聚丙烯酰胺凝胶电泳中,蛋白质能够保持完整状态,并依据蛋白质的相对分子质量大小、蛋白质的形状及其所附带的电荷量而呈梯度分离。

SDS-PAGE中的SDS是一种阴离子去污剂,具有使蛋白质变性和帮助其溶解的特性,可按一定的比例和蛋白质分子结合成复合物。SDS可以切断蛋白质的氢键和疏水键,使蛋白质所带负电荷量远远超过其本身原有的电荷,SDS–蛋白质复合物在电泳时的迁移率不再受其原有电荷和分子形状的影响,仅与蛋白质的相对分子质量有关,因此SDS-PAGE可用于蛋白质相对分子质量的测定。

【课前思考题】

假如未知样品是由3种亚基组成的酶,其中,2种亚基的大小为28 kD,第3种亚基的大小为14 kD。那么在SDS-PAGE实验中将看到几条电泳分离带?

【实验材料】

1. 仪器与耗材

蛋白质电泳系统(Bio-Rad)、电泳仪、染色盒、电炉、天平、移液器等。

2. 材料

1 mg·mL^{-1}牛血清白蛋白(BSA,相对分子质量为66 000);1 mg·mL^{-1}卵清蛋白(相对分子质量为45 000);1 mg·mL^{-1} 3-磷酸甘油醛脱氢酶(相对分子质量为36 000);1 mg·mL^{-1}碳酸酐酶(相对分子质量为29 000);1 mg·mL^{-1}胰蛋白酶原(相对分子质量为24 000);道尔顿Ⅶ混合标记物;LDH提取样品;未知样品。

3. 试剂

(1) 30%丙烯酰胺–甲叉双丙烯酰胺(Acr-Bis):称取29 g丙烯酰胺(Acr)和1 g甲叉双丙烯酰胺(Bis)置于洁净的烧杯中,加纯净水至100 mL,过滤后置棕色瓶中,4 ℃贮存,可用1~2个月。

(2) 10% SDS:称取10 g SDS置于洁净烧杯中,用68 ℃纯净水溶解后定容至100 mL。

(3) 1.5 mol·L^{-1} Tris-HCl缓冲液(pH 8.8):称取18.2 g Tris置于洁净的100 mL容量瓶中,加入50 mL纯净水,并用1 mol·L^{-1}盐酸将pH调为8.8,最后用纯净水定容至100 mL。

(4) 1.0 mol·L^{-1} Tris-HCl缓冲液(pH 6.8):称取12.1 g Tris置于洁净的100 mL容量瓶中,加入50 mL纯净水,并用1 mol·L^{-1}盐酸将pH调为6.8,最后用纯净水定容至100 mL。

(5) 10%过硫酸铵(AP),必须现用现配。

(6) 四甲基乙二胺(TEMED)。

(7) 2×凝胶上样缓冲液:1 mL 1.0 mol·L^{-1} Tris-HCl(pH 6.8),200 mg SDS,0.5 mL β-巯基乙醇(临用前加入,也可以用0.2 mol·L^{-1}二硫苏糖醇代替),3 mg溴酚蓝,2 mL甘油,最后用纯净水定容至10 mL。2×凝胶上样缓冲液与Tris-HCl(pH 6.8)按体积比1∶1混合即为1×凝胶上样缓冲液。

(8) 考马斯亮蓝染色液:称取0.25 g考马斯亮蓝R-250(可适当减少),溶解于45 mL甲醇和10 mL冰乙酸的混合溶液中,然后用纯净水定容至100 mL,过滤后备用。

(9)脱色液:甲醇250 mL,冰乙酸60 mL,纯净水定容至1 L。

(10)5×Tris-甘氨酸电泳缓冲液(pH 8.3):称取15.1 g Tris和94 g甘氨酸置于洁净的烧杯中,加入50 mL 10% SDS和少量纯净水使其溶解,最后用纯净水定容至1 L。

【实验步骤】

1.制胶过程

配制分离胶溶液(以5 mL 12% PAGE为例)和浓缩胶溶液(以3 mL 5% PAGE为例)(见表8.1),凝胶配制过程要迅速。

表8.1　12%分离胶与5%浓缩胶的制备

12%分离胶		5%浓缩胶	
成分	加入量	成分	加入量
TEMED/μL	2	TEMED/μL	3
10% AP/μL	50	10% AP/μL	30
10% SDS/μL	50	10% SDS/μL	30
1.5 mol·L^{-1}Tris-HCl(pH 8.8)/mL	1.30	1.0 mol·L^{-1}Tris-HCl(pH6.8)/mL	0.38
30% Acr-Bis/mL	2.0	30% Acr-Bis/mL	0.5
H$_2$O/mL	1.598	H$_2$O/mL	2.057

2.样品处理、电泳、染色及脱色

(1)样品处理:

在浓缩胶聚合时,将2×凝胶上样缓冲液与待电泳样品混合,煮沸3 min,使蛋白质变性。

加样孔1:1×凝胶上样缓冲液。

加样孔2:道尔顿Ⅶ混合标记物(包含所有markers)。

加样孔3:BSA,相对分子质量为66 000。

加样孔4:卵清蛋白,相对分子质量为45 000。

加样孔5:3-磷酸甘油醛脱氢酶,相对分子质量为36 000。

加样孔6:碳酸酐酶,相对分子质量为29 000。

加样孔7:胰蛋白酶原,相对分子质量为24 000。

加样孔8:未知蛋白质。

加样孔9：LDH提取样品。

加样孔10：道尔顿Ⅶ混合标记物。

(2)电泳：

待浓缩胶聚合完成后(约30 min)，拔下梳子，以纯净水充分冲洗加样孔，加入适量样品(约15 μL)，无样品泳道加1×凝胶上样缓冲液。将电泳装置与电源连接(注意红色正极加入下槽)，先以 $8\ V\cdot cm^{-1}$ 电压(10 mA)进行电泳，使样品在浓缩胶中泳动，待溴酚蓝进入分离胶后，加大电压至 $15\ V\cdot cm^{-1}$ (20 mA)，直至溴酚蓝到达分离胶底部(约4 h)，停止电泳。

(3)染色：

电泳结束后，撬开玻璃板，取出凝胶并在胶上做好标记。将标记后的凝胶放入大培养皿，加入考马斯亮蓝染色液染色1 h。

(4)脱色：

染色后的凝胶用纯净水漂洗数次，再用脱色液脱色，直到蛋白质色带清晰。

【实验结果分析】

(1)对凝胶条带进行绘图或者拍照，并标记每一条蛋白质色带。

(2)计算色带的相对迁移率(R_m)。以每个蛋白标准的相对分子质量对数与它的 R_m 作图得标准曲线，量出未知蛋白质的迁移率即可测出其相对分子质量。

蛋白质	R_m
BSA	
卵清蛋白	
3-磷酸甘油醛脱氢酶	
碳酸酐酶	
胰蛋白酶原	
未知蛋白质	

【注意事项】

(1)标准曲线只对同一块凝胶上的样品相对分子质量测定具有可靠性。

(2)Acr和Bis均为神经毒性试剂，对皮肤有刺激性，操作时应戴手套和口罩。

(3)玻璃板表面应光滑洁净，否则在电泳时凝胶胶板与玻璃板之间会产生气泡。

(4)样品槽的模板梳齿应光滑平整。

(5)制凝胶胶板时不能有气泡,以免影响电泳时电流的通过。

(6)切勿破坏加样凹槽底部的平整,以免电泳后蛋白色带扭曲。

(7)电泳时应选用合适的电流、电压,过高或者过低都会影响电泳的效果。

(8)5×SDS电泳缓冲液稀释为1×SDS电泳缓冲液后再加入电泳槽。

【课后思考题】

(1)制作凝胶胶板时,TEMED和AP加入的时间对凝胶的形成有什么影响?

(2)丙烯酰胺的浓度对凝胶电泳的蛋白质分辨率有什么影响?

实验拓展

[1]陈琳豪,金涛,刘艳妍,等.SDS-聚丙烯酰胺凝胶电泳染脱色方法优化[J].浙江树人大学学报,2014,14(4):20-23.

[2]胡晓倩,陈来同,赵健.SDS-聚丙烯酰胺凝胶电泳染色方法[J].中国生化药物杂志,2011,32(2):128-130.

[3]叶长春.SDS-聚丙烯酰胺凝胶电泳染色方法的改进[J].湖北工业大学学报,2009,24(4):16-18.

[4]唐亚丽,施用晖,赵伟,等.聚丙烯酰胺凝胶电泳及其在食品检测中的应用[J].食品与发酵工业,2007,33(12):111-116.

[5]张宏丽,赵玉娜.考马斯亮蓝染色在聚丙烯酰胺凝胶电泳中的应用[J].医学动物防制,2006,22(4):288-289.

[6]孔毅,吴梧桐,吴如金.蛋白质分子量测定方法比较研究[J].分析仪器,2003(2):44-47.

加入本书学习交流群
回复"实验8"
获取课程PPT及拓展资料
入群指南见封二

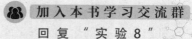

LDH蛋白质免疫印迹

在生物学研究中,免疫印迹技术主要用于蛋白质性质鉴定、蛋白质半定量、蛋白质组织表达和分布分析等研究。该技术具有分析容量大、特异性强和敏感性高等特点,现已成为蛋白质分析的常规方法。本实验采用免疫印迹法对组织样品的LDH进行鉴定和表达分析。

【实验目的】

(1)学习蛋白质免疫印迹法的原理。
(2)掌握蛋白质免疫印迹法的操作步骤。
(3)理解单克隆抗体和多克隆抗体的概念。

【实验原理】

蛋白质印迹法(Western blotting, WB)又称为免疫印迹法(Immunoblotting),是一种可以检测固定在固相载体上蛋白质的免疫化学技术方法。待测蛋白质既可以是粗提物,也可以是经过分离和纯化的蛋白质。另外,这项技术的应用需要利用待测蛋白的单克隆或多克隆抗体进行识别。

可溶性抗原,也就是待测蛋白质首先要根据其性质,如相对分子质量、电荷和等电点等,采用不同的电泳方法进行分离。通过电流将凝胶中的蛋白质转移到聚偏二氟乙烯(Polyvinylidenefluoride, PVDF)膜上。利用抗体(一抗)与抗原发生特异性结合的原理,以抗体作为探针,捕获目的蛋白质。值得注意的是,在加入一抗前,应先加入非特异性蛋白,如牛血清白蛋白,对膜进行"封阻",而防止抗体与膜的非特异性结合。经电泳分离后的蛋白质,往往需要再利用电泳将蛋白质转移到固相载体上,该过程称为电泳印迹。

【课前思考题】

（1）单克隆抗体与多克隆抗体之间的区别是什么？为什么你会选择单克隆抗体或者多克隆抗体作为免疫印迹实验的一部分？

（2）有时候用天然凝胶做免疫印迹实验，有时候用SDS-PAGE，影响你选择的关键因素是什么？

【实验材料】

1.仪器与耗材

蛋白质电泳系统，电转移装置，电源，PVDF膜，3MM滤纸，镊子，海绵垫，剪子，手套，小塑料或玻璃容器和浅盘等。

2.材料

牛LDH蛋白质样品。

3.试剂

（1）30%丙烯酰胺-甲叉双丙烯酰胺(Acr-Bis)：称取29 g丙烯酰胺(Acr)和1 g甲叉双丙烯酰胺(Bis)置于洁净的烧杯中，加纯净水至100 mL，过滤后置棕色瓶中，4 ℃贮存，可用1~2个月。

（2）考马斯亮蓝染液R-250。

（3）丽春红染色液。

（4）四甲基乙二胺(TEMED)。

（5）0.01 mol·L^{-1}磷酸盐缓冲液(PBS,pH 7.5)。

（6）10% SDS：称取SDS 5.0 g，加纯净水至50 mL，用0.45 μm滤膜过滤，室温储存。

（7）饱和AP溶液：取适量AP粉末，加纯净水1 mL，充分溶解，加入的AP量以有粉末析出为准。

（8）1.5 mol·L^{-1} Tris-HCl缓冲液(pH 8.8)：称取18.2 g Tris置于洁净的100 mL容量瓶中，加入50 mL纯净水，并用1 mol·L^{-1}盐酸将pH调为8.8，最后用纯净水定容至100 mL。

（9）0.5 mol·L^{-1} Tris-HCl缓冲液(pH 6.8)：称取6.05 g Tris置于洁净的100 mL容量瓶中，加入50 mL纯净水，并用1 mol·L^{-1}盐酸将pH调为6.8，最后用纯净水定容至100 mL。

（10）5×Tris-甘氨酸电泳缓冲液(pH 8.3)：称取15.1 g Tris和94 g甘氨酸置于洁净的烧杯中，加入50 mL 10% SDS和少量纯净水使其溶解，最后用纯净水定容至1 L。

（11）Tris-甘氨酸转移缓冲液：称取3.03 g Tris和14.42 g甘氨酸置于洁净的烧杯中，加入200 mL甲醇和少量纯净水使其溶解，最后用纯净水定容至1 L。

(12) 2×凝胶上样缓冲液:1 mL 1.0 mol·L^{-1} Tris-HCl(pH 6.8),200 mg SDS,0.5 mL β-巯基乙醇(临用前加入,也可以用0.2 mol·L^{-1}二硫苏糖醇代替),3 mg 溴酚蓝(BPS),2 mL 甘油,最后用纯净水定容至10 mL。

(13) 封闭缓冲液:3%牛血清白蛋白,PBS缓冲液稀释。

(14) 脱色液:250 mL甲醇,60 mL醋酸,纯净水定容至1 L。

(15) NBT/BCIP显色液:氯化硝基四氮唑蓝(NBT)、5-溴-4-氯-3-吲哚-磷酸(BCIP)。50 mg NBT溶于700 μL N,N-二甲基甲酰胺(DMF)液和300 μL纯净水中,制成NBT贮存液,保存于4 ℃。50 mg BCIP溶于1 mL DMF液中,制成BCIP贮存液,保存于4 ℃。临用前,取66 μL NBT贮存液与10 mL底物缓冲液(0.01 mol·L^{-1} NaCl,0.05 mol·L^{-1} MgCl$_2$,0.1 mol·L^{-1} Tris-HCl,pH 9.5)混匀,再加入33 μL BCIP贮存液,制成NBT/BCIP显色液。

【实验步骤】

1. 聚丙烯酰胺凝胶电泳分离LDH(与《实验8 聚丙烯酰胺凝胶电泳测定LDH相对分子质量》有所不同,本实验中所有试剂都不含SDS)

(1) 按表9.1准备12%聚丙烯酰胺凝胶。

表9.1　12%聚丙烯酰胺凝胶的制备

分离胶		浓缩胶	
成分	加入量	成分	加入量
TEMED/μL	15	TEMED/μL	15
饱和AP溶液/μL	60	饱和AP溶液/μL	60
10% SDS/μL	150	10% SDS/μL	50
1.5 mol·L^{-1} Tris-HCl (pH 8.8)/mL	2.50	0.5 mol·L^{-1} Tris-HCl (pH 6.8)/mL	1.25
30% Acr-Bis/mL	4.0	30% Acr-Bis/mL	0.8
H$_2$O/mL	3.3	H$_2$O/mL	2.8

(2) 将2×凝胶上样缓冲液与样品等体积混合,沸水中煮沸5 min,冷却。在每个泳道加入15 μL的牛LDH蛋白质样品。加电泳缓冲液入上下贮槽内,接通电源保持稳流。起始时用低电流(30~40 mA),待样品在浓缩胶部分浓缩成一条线后,加大电流(50~70 mA,常用60 mA),至溴酚蓝指示剂达到底部边缘时即可停止电泳。

(3) 把凝胶切成两半,将其中的一半放入有考马斯亮蓝染液R-250的托盘中进行染色。

(4) 用Tris-甘氨酸转移缓冲液处理PVDF膜。

(5) 构建凝胶"三明治"结构,包括黑色筛孔板、海绵垫、滤纸、PVDF膜、凝胶和白色筛孔板,如图9.1所示。黑色筛孔板贴近转移槽的黑色端,转移盒的白色筛孔板贴近转移槽的白色端,填满转移缓冲溶液同时防止出现气泡。

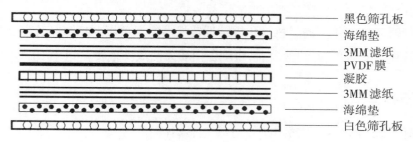

图9.1 凝胶"三明治"结构

(6)连接电源,在4 ℃条件下维持恒压100 V,电泳约1 h。

2.LDH的免疫染色

(1)PVDF膜染色:

断开电源,将电转盒从电泳槽中取出。打开电转盒,用镊子小心取出PVDF膜,并将其放入一个干净的平皿中,用PBS缓冲液进行短暂清洗,从膜上剪下一条宽约5 mm的膜放入另一个干净的平皿中。将这条膜在丽春红染色液中浸泡1 min,然后在脱色液中脱色30 min,确定蛋白质已经转移到PVDF膜上。

(2)膜的封闭和清洗:

对没有进行染色的膜,首先倒出PBS缓冲液,加入3%封闭缓冲液,轻轻摇动至少1 h。倒掉3%封闭缓冲液,并用PBS缓冲液清洗3次,每次5 min。

(3)一抗孵育:

倒掉PBS缓冲液,加入10 mL 0.5%封闭缓冲液及适量的一抗(鼠抗人LDH-H亚基单克隆抗体,1∶5 000),轻轻摇动1 h以上。从容器中倒出一抗及封闭缓冲溶液,用PBS缓冲溶液清洗2次,每次10 min。

(4)二抗孵育:

倒出PBS缓冲液,加入5 mL 0.5%封闭缓冲液及适量的二抗(羊抗鼠IgG-AP,1∶2 500)。轻轻摇动30 min,倒出二抗及封闭缓冲溶液,用PBS缓冲液清洗2次,每次10 min。

(5)检测:

倒掉PBS缓冲液,并加入NBT/BCIP显影剂,轻轻摇动PVDF膜,观察显影情况,当能够清晰地看到显色带时,在30 min内用纯净水分3次清洗PVDF膜以终止显色反应。

【实验结果分析】

检查膜上显色结果,蓝紫色蛋白带所对应的即目标蛋白的位置。

【注意事项】

(1) 聚丙烯酰胺有毒,操作时必须戴手套防护。

(2) 电转移时,电转盒的黑色筛孔板贴近转移槽的黑色端,电转盒(转移盒)的白色筛孔板贴近转移槽的白色端,切勿放反,否则蛋白质无法成功地转移到PVDF膜上。

【课后思考题】

(1) 如何确定电转时所需的电压大小和电转时间?

(2) 电转结束后PVDF膜上是否有色带?如果没有出现蛋白色带,请分析出现这一情况的可能原因。

实验拓展

[1] 王丽,张永亮,何涛,等.不同细胞裂解液提取总蛋白在免疫印迹中的效果分析[J].泸州医学院学报,2010,33(4):367-369.

[2] 王文倩,魏颖,王宇,等.蛋白免疫印迹法检测小分子蛋白的实验条件优化研究[J].现代生物医学进展,2015,15(7):1230-1232.

[3] 陈彩萍,冯志奇,宋壮,等.蛋白免疫印迹法同时检测大、小分子蛋白的实验条件改进[J].现代生物医学进展,2016,16(24):4618-4621.

[4] 申婷婷,杨举,王宫,等.基于免疫印迹定量分析的总蛋白提取方法比较[J].生物技术,2018,28(4):366-371.

[5] 张哲.免疫印迹法凝胶问题解析[J].微量元素与健康研究,2016,33(5):85.

[6] 周娜.免疫印迹技术常见问题的解决方案[J].生物技术世界,2014(7):109.

[7] 尚蕾,黄铠,曹妍群,等.一种改良型的免疫印迹法[J].现代生物医学进展,2012,12(32):6368-6370.

第二部分 分子生物学实验

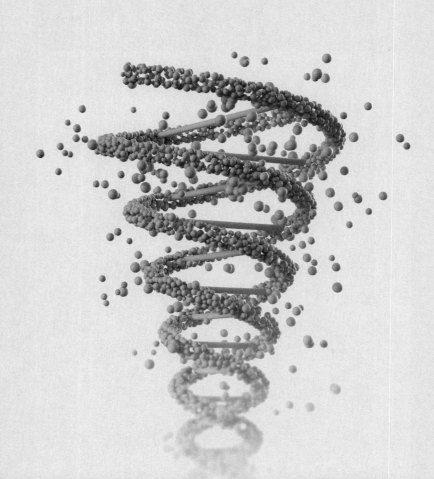

实验10　动物组织基因组DNA提取

为了研究DNA分子在生命代谢中的作用，常常需要从不同的生物材料中提取基因组DNA。由于DNA分子在生物体内的分布及含量不同，要选择适当的材料提取DNA，如动物肝脏、肌肉组织、鱼类鳃组织等都含有丰富的DNA。

【实验目的】

(1)学习动物组织基因组DNA制备的原理。
(2)掌握动物组织基因组DNA提取的方法。

【实验原理】

1.常规方法

动物基因组DNA以染色体的形式存在于细胞核内，分离提取时利用SDS(十二烷基磺酸钠)裂解细胞匀浆，蛋白酶K将蛋白质降解，苯酚使蛋白质变性，氯仿/异戊醇作为有机相去除苯酚，从而将DNA与蛋白质、脂类和糖类等分离，最后用乙醇或异丙醇沉淀水相中的基因组DNA。

2.试剂盒吸附柱法

利用缓冲液使DNA特异结合到硅基质离心吸附柱上，杂质可通过洗涤步骤去除，最后用低盐缓冲液洗脱，即可得到高纯度DNA。其优点在于纯化过程不需要使用苯酚或氯仿等有毒溶剂，不需要长时间的乙醇沉淀。

【课前思考题】

(1)提取基因组DNA的常规方法和试剂盒吸附柱法有何不同？
(2)动物组织和植物组织的基因组DNA提取方法有何不同？

【实验材料】

1.仪器与耗材

恒温水浴锅,离心机,紫外分光光度计,移液器,离心管,吸头,玻璃匀浆器,研钵,镊子,剪刀等。

2.材料

新鲜动物组织(如:牛肉)。

3.试剂

(1)常规方法:

细胞裂解液,蛋白酶K,酚/氯仿/异戊醇抽提液,氯仿/异戊醇抽提液,7.5 mol·L^{-1}乙酸铵溶液,异丙醇,无水乙醇,70%乙醇,TE缓冲液(pH 8.0),纯净水。

(2)试剂盒吸附柱法:

柱式基因组提取试剂盒(Genomic DNA Kit),无水乙醇,纯净水。

【实验步骤】

1.常规方法

(1)取新鲜牛肉0.1 g,用无菌镊子和剪刀将组织尽量剪碎。置于无菌的玻璃匀浆器或研钵中,加入1 mL细胞裂解液,匀浆或研磨至无肉眼可见的组织碎块。

(2)将匀浆或研磨后的组织液转入1.5 mL离心管中,加入20 μL蛋白酶K,混匀。在65 ℃恒温水浴锅中水浴保温30 min,间歇振荡离心管数次。

(3)12 000 r/min离心5 min,取上清液至另一离心管中。

(4)加入1倍体积异丙醇,颠倒混匀后,可以看见丝状物,用100 mL吸头挑出丝状物,晾干,用200 μL TE缓冲液溶解。

(5)加等体积的酚/氯仿/异丙醇抽提液振荡混匀,12 000 r/min离心5 min。

(6)取上相(水相)至另一离心管,加入等体积的氯仿/异戊醇抽提液,振荡混匀,12 000 r/min离心5 min。

(7)取上相至另一离心管,加入1/10体积的7.5 mol·L^{-1}乙酸铵,再加入2倍体积的无水乙醇,混匀后-20 ℃沉淀2 min,12 000 r/min离心10 min。

(8)弃去上清液,将离心管倒置于吸水纸上,尽可能除去附于管壁的残余液滴。

(9)用1 mL 70%乙醇漂洗沉淀物后,12 000 r/min离心5 min。小心弃去上清液,将离心管倒置于吸水纸上,尽可能除去附于管壁的残余液滴,室温干燥。

(10)加200 μL TE缓冲液重新溶解沉淀物,置于-20 ℃保存备用。

2.试剂盒吸附柱法

(1)按试剂盒使用说明书在Buffer GW1和Buffer GW2中分别加入无水乙醇(实验前准备,若已做,略过)

(2)取新鲜牛肉0.1 g,用无菌镊子和剪刀除去被膜和血管等组织,将组织尽量剪碎。置于无菌的玻璃匀浆器或研钵中,加入1 mL纯净水,匀浆或研磨至无肉眼可见的组织碎块。

(3)取组织混悬液100 μL,加入100 μL Buffer GTL。

(4)加入20 μL 蛋白酶K,振荡混匀,56 ℃水浴15 min。

(5)加入200 μL Buffer GL,立即振荡混匀,70 ℃水浴10 min。

(6)瞬时离心后,加入200 μL 无水乙醇,立即振荡混匀。

(7)上述溶液全部转入已安装收集管的吸附柱(Spin Columns DM)中,若一次转不完,可分多次。12 000 r/min离心1 min,弃废液,将吸附柱重新放回收集管。

(8)向吸附柱中加入500 μL Buffer GW1(使用前检查是否已加入无水乙醇),12 000 r/min离心1 min,弃废液,将吸附柱重新放回收集管。

(9)向吸附柱中加入500 μL Buffer GW2(使用前检查是否已加入无水乙醇),12 000 r/min离心1 min,弃废液,将吸附柱重新放回收集管。

(10)12 000 r/min离心2 min,弃废液,将吸附柱置于室温5 min,晾干。

(11)将吸附柱置于干净的1.5 mL离心管中,向吸附柱的中间部分悬空加入100 μL Buffer GE或纯净水,室温放置3 min。12 000 r/min离心1 min,−20 ℃保存离心管中的DNA。

【实验结果分析】

按《实验12 琼脂糖凝胶电泳检测DNA》的方法进行动物组织基因组DNA的电泳检测,并分析提取效果。

【注意事项】

(1)选择的动物组织材料要新鲜,将血液冲洗干净,尽量去除血管、结缔组织等难以匀浆和研磨的组织,处理时间不宜过长。

(2)取样量不宜过多,以免DNA浓度过高,不利于纯化。

(3)尽可能将动物组织匀浆均匀或研磨充分,以减少DNA团块形成。

【课后思考题】

(1)如何防止基因组DNA在提取过程中发生断裂?

(2)哺乳动物基因组DNA提取的原理是什么?

实验拓展

[1]王戊腾,胡鹏,安得霞.提取动物组织DNA的方法比较[J].甘肃畜牧兽医,2016,46(23):87-90.

[2]王春艳,郑旭,高月,等.两种动物组织DNA提取方法的比较[J].现代畜牧兽医,2012(10):57-59.

[3]刘哲,康鹏天,柴文琼,等.鱼类血液基因组DNA提取方法优化[J].水生态学杂志,2009,2(6):102-106.

加入本书学习交流群
回复"实验10"
获取课程PPT及拓展资料
入群指南见封二

实验 11

PCR扩增 *LDH* 基因

聚合酶链式反应(Polymerase Chain Reaction,PCR),是指在DNA聚合酶催化下,以母链DNA为模板,以特定引物为延伸起点,通过变性、退火、延伸等步骤,体外复制出与母链模板DNA互补的子链DNA的过程。PCR是一种DNA体外合成放大技术,能快速特异地在体外扩增一定长度的DNA片段。可用于基因分离克隆、序列分析、基因表达调控、基因多态性研究等方面。

【实验目的】

(1)理解PCR扩增DNA的原理。
(2)掌握利用PCR仪扩增目的基因的方法。

【实验原理】

PCR是体外酶促合成特异DNA片段的一种方法,其基本原理为DNA的半保留复制。PCR技术由高温使模板变性、引物与模板退火、引物沿模板延伸这3步反应组成一个循环,通过多次循环反应,目的DNA得以迅速扩增。其主要步骤是:将模板DNA置于高温下(通常为93~94 ℃),使其变性分解成单链;人工合成的两条单链寡核苷酸引物在其合适的复性温度下分别与目的基因的两条单链互补结合;热稳定DNA聚合酶(*Taq*酶)在72 ℃将单核苷酸从引物的3′端开始掺入,以目的基因为模板按5′→3′的方向延伸,合成互补链。

【课前思考题】

(1)DNA复制的条件有哪些?

(2)如何验证PCR的结果?

(3)人工PCR技术与生物自身的DNA复制有何异同?

【实验材料】

1.仪器与耗材

PCR仪,纯水仪,离心机,移液器,吸头,PCR管等。

2.材料

动物组织基因组DNA。

3.试剂

Taq 聚合酶,dNTP,10×PCR缓冲液,纯净水,引物(为方便《实验16 DNA重组、转化及阳性克隆筛选》的进行,需在引物中添加酶切位点,分别是上游引物添加 *Nde*I 酶切位点 CATATG 和相应保护碱基,下游引物添加 *Bam*HI 酶切位点 GGATCC 和相应保护碱基)。

【实验步骤】

(1)设置一个不加DNA模板的体系为阴性对照,用pUC18作阳性对照验证PCR反应与已知引物;实验组加入模板进行反应。PCR反应体系为25 μL或50 μL,如表11.1。

表11.1 PCR 25 μL、50 μL反应体系

加入项	25 μL体系	50 μL体系
纯净水/μL	17	37
10×*Taq* 缓冲液/μL	2.5	5
dNTP($2.5×10^{-3}$mol·L^{-1})/μL	2	4
正引物(0.1mol·L^{-1})/μL	1	1
反引物(0.1mol·L^{-1})/μL	1	1
Taq DNA 聚合酶/μL	0.5	1
DNA模板/μL	1	1

(2)设置PCR反应程序为:94 ℃变性5 min;94 ℃变性30 s,T_m退火30 s,72 ℃延伸30 s,进行25~35个循环,最后72 ℃延伸7~10 min,4~16 ℃保存,用于琼脂糖凝胶电泳检测。

【实验结果分析】

将PCR产物按照《实验12 琼脂糖凝胶电泳检测DNA》进行电泳检测,在凝胶成像仪上进行显色,分析PCR产物条带位置,观察是否有杂带出现。根据DNA Marker(DNA相对分子质量标准品)的相对分子质量标准判定PCR产物的大小。

【注意事项】

(1)PCR程序的退火温度需要与引物的T_m值相近,以免影响扩增效率。

(2)参照《实验18 PCR引物设计》科学合理地设计引物,确保PCR的扩增效率。

【课后思考题】

(1)设置无DNA模板的阴性对照的目的是什么?如果这个阴性对照在琼脂糖凝胶电泳中有条带出现意味着什么?

(2)PCR技术是否可以用于动物疾病的诊断?

实验拓展

[1]姚四新,宋东亮,王宪文,等.应用随机PCR技术检测未知病毒基因序列的研究进展[J].中国兽医杂志,2010,46(5):52-54.

[2]曹雪雁,张晓东,樊春海,等.聚合酶链式反应(PCR)技术研究新进展[J].自然科学进展,2007,17(5):580-585.

[3]冯腾,王秀利,常亚青.PCR技术在水产养殖动物疾病诊断中的应用研究进展[J].生物技术通报,2006(5):62-66.

琼脂糖凝胶电泳检测 DNA

琼脂糖凝胶电泳是分离鉴定和纯化 DNA 片段的标准方法。该技术操作简单快速,可以分辨用其他方法(如密度梯度离心法)无法分离的 DNA 片段。当用低浓度的荧光嵌入染料溴化乙锭(Ethidium bromide,EB)染色,在紫外光下至少可以检出 1~10 ng 的 DNA 条带,从而可以确定 DNA 片段在凝胶中的位置。此外,还可以从电泳后的凝胶中回收特定的 DNA 条带,用于以后的克隆操作。

【实验目的】

(1)学习琼脂糖凝胶电泳检测 DNA 的基本原理。
(2)掌握琼脂糖凝胶电泳的操作方法。
(3)了解凝胶电泳图像中 DNA 定量的原理。

【实验原理】

琼脂糖凝胶是核酸电泳中的支持介质,其密度和形成的孔径大小取决于琼脂糖的浓度,选用不同浓度的琼脂糖凝胶,可分离 100 bp~50 kb 的 DNA 片段。DNA 分子在琼脂糖凝胶中泳动时有电荷效应和分子筛效应。DNA 分子在高于等电点的 pH 溶液中带负电荷,在电场中可以向正极移动。由于糖-磷酸骨架在结构上的重复性质,相同数量的双链 DNA 几乎具有等量的净电荷,因此它们能以同样的速度向正极方向移动。在一定的电场强度下,DNA 分子的迁移速度取决于分子筛效应,即 DNA 分子本身的大小和构型。并且,DNA 分子的迁移速度与其相对分子质量的对数值成反比。因此,利用在相同的电场强度下,不同相对分子质量的 DNA 片段在琼脂糖凝胶中的泳动速度不同的原理,可将其进行分离。另外,相对分子质量相同而构型不同的 DNA 分子也可以利用琼脂糖凝胶电泳对其进行分离。例如,具有相同相对分子质量的环状DNA分子和线性DNA分子在相同的条件下电泳,环状DNA分子的移动速度要大于线性DNA分子的移动速度。

琼脂糖凝胶可用低浓度的荧光染料EB染色,在紫外光下可以灵敏地检测出发橙色荧光的DNA样品,根据DNA Marker和DNA片段在凝胶中的相对位置,即可判断DNA片段的大小。

【课前思考题】

(1)DNA的电泳迁移速率与样品DNA分子大小、分子构型、琼脂糖浓度、电场电压、电泳缓冲液、温度等有怎样的关系?

(2)电泳缓冲液的作用是什么?除了TAE缓冲液,还有哪些常用的核酸凝胶电泳缓冲液?

(3)EB为什么可以对DNA进行染色?

【实验材料】

1. 仪器与耗材

电泳仪,电泳槽,凝胶成像系统,高压灭菌锅,冰箱,装有凝胶电泳图像分析软件Gel-Pro Analyzer 4.0的电脑,移液器,吸头,一次性手套等。

2. 材料

待测DNA样品。

3. 试剂

(1)琼脂糖。

(2)DNA Marker。

(3)1×TAE电泳缓存液含 $0.04\ mol \cdot L^{-1}$ Tris-乙酸盐,$1×10^{-3}\ mol \cdot L^{-1}$ EDTA。

(4)50×TAE电泳缓冲液:称取Tris 24.2 g溶于80 mL纯净水中,加入 $0.5\ mol \cdot L^{-1}$ EDTA(pH 8.0)10 mL,冰乙酸5.71 mL,定容至100 mL。

(5)6×加样缓冲液:称取0.025 g溴酚蓝和4 g蔗糖溶于8 mL纯净水中,定容至10 mL,4 ℃保存。

(6)$10\ mol \cdot L^{-1}$ EB:称取1 g EB溶于80 mL纯净水中,定容至100 mL,置于棕色瓶中保存。

【实验步骤】

1. 凝胶的制备

(1)配胶：根据扩增基因的产物确定琼脂糖凝胶浓度(如1%琼脂糖凝胶)，先称取一定量的琼脂糖于三角瓶中，按照质量体积比例加入相应的1×TAE电泳缓冲液，加热至完全溶解，待其自然冷却到不烫手时(50~60 ℃)，即可制胶。

(2)制胶：选择合适的制胶板放入制胶槽中，插好梳子，将凝胶倒入制胶槽中，在室温下放置20~30 min，使其自然凝固，凝固后小心地拔去梳子，将制胶板连同凝胶放在一次性手套上，倒入适量(高于凝胶加样孔约1 mm)1×TAE电泳缓冲液。

2. 样品制备

取适量DNA样品溶液，加入约1/6样品体积的6×加样缓冲液，混匀。(若之前PCR反应已加入染料，可跳过该步，直接点样)

3. 点样

将DNA Marker(2 μL)、DNA样品(各5 μL)按顺序加入加样孔内，并做好记录。

4. 电泳

将凝胶放入电泳槽，接通电源(加样孔应在负极)，恒压(80~100 V)进行电泳。

5. 结果观察

当颜色带迁移到距凝胶下缘1~2 cm时，停止电泳，关闭电源，小心地取出凝胶，使用EB染色约20 min后，置于凝胶成像仪中进行观察和拍照。

【实验结果分析】

电泳后，在凝胶中观察DNA Marker和相应的DNA检测条带。根据DNA条带在凝胶中的相对位置，判断样品DNA的相对分子质量大小。使用《实验19　凝胶电泳图像分析》中介绍的凝胶电泳图像分析软件Gel-Pro Analyzer 4.0在电脑上进行凝胶电泳图像的分析。

【注意事项】

(1)制胶时琼脂糖要完全溶解，注意凝胶浓度与待检测DNA相对分子质量之间的关系。

(2)点样时吸头不要碰破点样孔，为避免污染，每个样品加完后需要更换一个吸头。

(3)将加样后的凝胶放入电泳槽中进行电泳时，应将凝胶孔一端靠近电源的负极。

(4)EB是强诱变剂并有中等毒性,操作时请戴两层手套,为防止污染,使用后的EB应收集到专用的废弃桶内予以回收处理。

【课后思考题】

(1)绘制凝胶成像观察到的电泳图,分析实验结果。

(2)电泳图中的DNA浓度是如何确定的?

(3)分析电泳结果,判断目的DNA片段大小及其光密度值,根据该光密度值是否可对DNA片段进行定量分析?

实验拓展

[1]常冰梅,张栋,李美宁,等.一种新型核酸染料在琼脂糖凝胶电泳中的应用[J].现代预防医学,2010,37(19):3717-3720.

[2]黄永莲.琼脂糖凝胶电泳实验技术研究[J].湛江师范学院学报,2009,30(6):83-85.

提取纯化质粒载体

质粒DNA的提取是基因工程操作中常用的基本技术。质粒作为载体应具备下列4个特点：①有足够的容纳目的基因的长度，并且所携带的目的基因能够借助载体的复制和调控系统得到忠实的复制与增殖；②在非必要的DNA克隆区有多种限制性核酸内切酶的单一识别位点，易于基因片段与载体的连接、重组和筛选；③与宿主细胞有相同的一个或多个遗传表型（如抗药性、营养缺陷型或显色表型反应等）；④拷贝数多，容易与宿主细胞分开，便于分离提纯。

从细菌中分离质粒DNA的方法包括3个基本步骤：培养细菌使质粒扩增；收集和裂解细菌；分离和纯化质粒DNA。

【实验目的】

（1）提取基因工程中运载基因的载体。
（2）掌握提取质粒DNA最常用的碱变性法。

【实验原理】

碱变性提取质粒DNA是基于染色体DNA与质粒DNA的变性与复性的差异而达到分离目的。在pH 12.6的碱性条件下，染色体DNA的氢键断裂，双螺旋结构解开而变性。质粒DNA的大部分氢键也断裂，但超螺旋共价闭合环状的两条互补链不会完全分离，当以酸性乙酸钾（KAc）溶液调节其pH至中性时，变性的质粒DNA又恢复原来的构型，保存在溶液中，而染色体DNA不能复性而形成缠连的网状结构，通过离心，染色体DNA与不稳定的大分子RNA、蛋白质-SDS复合物等一起沉淀下来而被去除。

【课前思考题】

(1)如果提取的质粒DNA中有蛋白质和RNA污染要如何处理?

(2)除碱变性法外,还有哪些方法可以提取纯化质粒?

【实验材料】

1.仪器与耗材

离心机,恒温培养箱,温控空气摇床,温控水浴摇床,生物安全柜,移液器,吸头,离心管,一次性手套等。

2.材料

含LDH基因表达载体(pET15b)的大肠杆菌。

3.试剂

(1)溶液Ⅰ(GTE溶菌液):1 mol·L^{-1} Tris-HCl (pH 8.0) 12.5 mL,0.5 mol·L^{-1} EDTA(pH 8.0)10 mL,葡萄糖4.730 g,加纯净水至500 mL,存于4 ℃备用。

(2)溶液Ⅱ(碱性SDS溶液):2 mol·L^{-1} NaOH 1 mL,10% SDS 1 mL,加纯净水至10 mL,使用前配制。

(3)溶液Ⅲ:5 mol·L^{-1}乙酸钾300 mL,冰乙酸57.5 mL,加纯净水至500 mL,存于4 ℃备用。

(4)其他试剂:LB液体培养基,氨苄青霉素(Amp),冰乙醇,70%乙醇,RNA酶,Tris饱和酚,氯仿等。

【实验步骤】

(1)在5 mL含Amp的LB液体培养基中接入含LDH基因表达载体(pET15b)的大肠杆菌单菌落,于37 ℃振荡过夜。

(2)将培养液转入1.5 mL离心管中,10 000 r/min离心1 min,倒掉培养液,使细菌沉淀尽可能干燥。

(3)细菌沉淀重悬于100 μL用冰预冷的溶液Ⅰ中,剧烈振荡。

(4)加200 μL新配制的溶液Ⅱ,快速颠倒离心管几次,冰上放置5~10 min。

(5)加150 μL用冰预冷的溶液Ⅲ,温和振荡,冰上放置5~10 min。

(6)10 000 r/min离心5 min,将上清液转移至另一离心管中。

(7)加入等量酚和氯仿(1:1)振荡混匀,10 000 r/min离心5 min,将上清液转移至另一离心管中。

(8)加入等量氯仿,振荡混匀,10 000 r/min离心5 min,将上层水相转移至另一离心管中。

(9)用2倍体积的冰乙醇沉淀DNA,振荡混匀,冰上放置10 min。

(10)12 000 r/min、4 ℃离心10 min,小心地倒掉上清液,将离心管倒置于滤纸上使所有液体流出。

(11)用70%乙醇洗涤DNA沉淀2次,去除上清液,在空气中使核酸沉淀干燥10 min。

(12)用30 μL含RNA酶(终浓度为50 μg·mL^{-1})的纯净水37 ℃保温60 min。贮存于-20 ℃备用。

【实验结果分析】

对获得的质粒进行琼脂糖凝胶电泳检测,观察是否有目的基因片段。

【注意事项】

质粒双酶切后的琼脂糖凝胶电泳检测,若用到EB需要十分小心,切勿接触皮肤或者泼洒到实验台面上,实验人员需要做好安全防护工作。

【课后思考题】

(1)超螺旋质粒、线性质粒和复制中间体质粒,哪一个在电泳中迁移得最快?

(2)质粒提取后如何验证其纯度?

实验拓展

[1]王勇,袁华,刘国磊,等.改进的碱裂解法大规模提取质粒DNA[J].数理医药学杂志,2010,23(5):519-520.

[2]薛仁镐,谢宏峰,金圣爱,等.碱裂解法提取细菌质粒DNA的改良[J].生物技术,2005,15(3):44-46.

DNA 限制性酶切

限制性核酸内切酶是一类具有严格识别位点,并在识别位点内或附近切割双链 DNA 的脱氧核糖核酸酶。利用限制性核酸内切酶,进行 DNA 限制性内切酶消化是基因工程中的重要内容。

【实验目的】

(1) 掌握 DNA 限制性酶切技术的原理。
(2) 学会分析和绘制限制性酶切图谱。

【实验原理】

限制性核酸内切酶是特定识别并切割双链 DNA 分子的一类酶。根据其结构和功能特性,核酸内切酶可分为Ⅰ型、Ⅱ型、Ⅲ型3种。其中,Ⅱ型酶可以识别4~6个回文对称的核苷酸序列,并在识别序列内将其切割,产生平齐末端或黏性末端的双链 DNA 片段。Ⅱ型酶是 DNA 重组技术中的重要工具酶。

影响限制性内切酶活性的因素很多,除反应温度、反应时间、反应缓冲体系、DNA 的纯度和浓度外,样品中残留污染物如苯酚、氯仿、乙醇、EDTA、EB、SDS 以及琼脂糖凝胶中的硫酸根离子,都会抑制其酶活性,影响酶切效果。

根据 DNA 含有的酶切位点,选择相应的限制性内切酶对质粒和目的片段进行切割,可以为体外连接形成重组 DNA 分子奠定基础,同时还可以用酶切对重组 DNA 分子进行鉴定。

【课前思考题】

(1) 将限制性内切酶添加到酶切反应体系之前,我们应该做哪些准备工作?

(2) 酶切反应体系中需要哪些离子? 除离子外,还有哪些因素可以影响酶切效果?

(3) 酶切后进行琼脂糖凝胶电泳时,使用有效的 λDNA/HindⅢ 片段(第4泳道)的目的是什么?

【实验材料】

1. 仪器与耗材

制冰机,纯水仪,高压灭菌锅,电泳仪,电泳槽,恒温水浴锅,离心机,冰箱,移液器,吸头,离心管等。

2. 材料

λ噬菌体DNA,限制性内切酶 HindⅢ 和 MysⅠ,购买的相对分子质量标准DNA Marker:λDNA/HindⅢ。

3. 试剂

核酸内切酶反应缓冲液,TAE缓冲液(Tris-Acetate-EDTA),溴酚蓝,EB。

【实验步骤】

1. λDNA 的消化

按照表14.1设置3个反应体系,将纯净水、反应缓冲液、λDNA分别加入离心管中,暂不加入 HindⅢ 和 MysⅠ,反应前将所有的样品置于冰上保存。

表14.1 λDNA的消化反应体系

反应体系	1#	2#	3#
10×反应缓冲液	1 μL	1 μL	1 μL
纯净水	6 μL	6 μL	5 μL
0.5 μg·μL^{-1} λDNA	2 μL	2 μL	2 μL
HindⅢ	1 μL	–	1 μL
MysⅠ	–	1 μL	1 μL

注:"–"表示不添加。

2. 酶切反应

将上述3个离心管置于离心机中混匀数分钟,在教师指导下加入 HindⅢ 和 MysⅠ,再次置于离心机中混匀后,置于37 ℃水中水浴20 min。水浴结束后,取一个新的离心管加入购买的相对分子质量标准λDNA/HindⅢ片段,在上述4个离心管中各加入2 μL的溴酚蓝。将以上4个离心管置于65 ℃水中水浴5 min后,迅速置于冰上。

  3.琼脂糖凝胶电泳检测酶切结果

在酶切反应结束后,根据《实验12 琼脂糖凝胶电泳检测DNA》的步骤,利用琼脂糖凝胶电泳观察并分析λDNA的限制性酶切结果。

【实验结果分析】

1.数据处理

导出或者绘制凝胶成像图片,标记各泳道。测量条带之间的距离,将结果记录下来。

2.计算

(1)在一张方格纸上,绘制碱基对与迁移距离的关系图。根据每个数据描的点画一条直线或者平滑的曲线,确定MysⅠ片段的唯一碱基对和双酶切片段。

(2)酶切后获得的DNA片段中是否还含有其他的核酸内切酶位点?(例如:6.5 kb的HindⅢ片段中有MysⅠ位点)

(3)利用HindⅢ位点的已知位置及其片段大小,以及已经计算出的MysⅠ片段的大小和双酶切片段信息,绘制限制酶图谱,尽可能多地显示MysⅠ位点。

(4)如果在顶部有HindⅢ位点,在底部有MysⅠ位点将会便于计算。

【注意事项】

(1)确定酶切反应体系中的成分,添加体积要准确。

(2)酶放在冰上操作时,手拿离心管上端,不要握在离心管的底部。

(3)加样时每种试剂和材料必须单独使用吸头,避免交叉污染。

(4)混匀管中的各成分后,需要瞬时离心将液体收集到管底。

(5)管盖盖严,避免温浴时水蒸气进入管内。

【课后思考题】

(1)限制性内切酶BstXⅠ的识别序列是CCANTGG(N代表任何核苷酸),而限制性内切酶HhaⅠ的识别序列是GCGC。请问这两种限制性内切酶中,哪一种更容易切割给定的DNA片段?分析其原因。

(2)DNA甲基化与限制性内切酶活性有何关系?

(3)为什么限制性内切酶不会在产生它们的细胞中水解其基因组DNA?
(4)序列的回文结构指的是什么?
(5)黏性末端的意义是什么?

实验拓展

[1]刘光明,史千玉,曹敏杰,等.利用PCR和限制性酶切技术鉴别3种鳗鱼[J].集美大学学报(自然科学版),2011,16(3):178-181.

[2]熊江霞,朱华庆,王雪,等.限制性内切酶酶切及限制性内切酶酶切图谱分析[J].安徽医科大学学报,2003,38(2):157-159.

制备大肠杆菌感受态细胞

重组质粒DNA分子体外构建完成后,必须导入特定的宿主(受体)细胞,使其无性繁殖并高效表达外源基因或直接改变宿主遗传性状。常态的细胞不能摄入外源质粒DNA分子,所以如果要转化质粒DNA进入大肠杆菌宿主,必须先制备感受态的大肠杆菌细胞。

【实验目的】

(1)掌握大肠杆菌感受态细胞的制备方法。
(2)掌握质粒转化入大肠杆菌感受态细胞的方法。

【实验原理】

细菌处于容易吸收外源DNA的状态叫感受态。$CaCl_2$法是目前实验室常用的制备细菌感受态细胞的方法,其原理是当细菌处于0 ℃的$CaCl_2$低渗溶液中时,细胞膨胀成球形,细胞膜的通透性发生改变,外源DNA可附着于细胞膜表面,经42 ℃短时间热激处理,促进细胞吸收DNA复合物,从而将外源DNA片段导入大肠杆菌。

【课前思考题】

(1)为什么细菌需要处理为感受态细胞后,才可以进行转化?
(2)本实验中$CaCl_2$的作用是什么?
(3)分子生物学中常用的感受态细胞有哪些?

【实验材料】

1. 仪器与耗材

培养皿,离心机,冰箱,移液器,吸头,离心管,离心瓶,三角瓶,烧杯,铝箔纸,吸水纸,微孔滤膜,三角玻璃棒,生物安全柜,摇床等。

2. 材料

大肠杆菌DH5α(也可以选用TOP10、JM109、BL21等大肠杆菌细胞)。

3. 试剂

LB培养基,$CaCl_2$,甘油,Amp,液氮,TransformAid C-medium(转化辅助培养基C)等。

【实验步骤】

1. 准备LB固体培养基平皿

(1)用1 L烧杯准备200 mL LB琼脂,其中LB琼脂包含0.5%酵母粉、1% NaCl、1%色氨酸和1.5%琼脂。

(2)铝箔纸盖住烧杯口,高压灭菌至少20 min,注意保温,维持琼脂液体状态。

(3)高压灭菌结束后,将其放入52 ℃的恒温水浴槽中冷却,缓慢搅拌,注意减少气泡的产生。

(4)当烧杯已经冷却至不烫手时(需15~30 min),在生物安全柜中开始倒板。[注:如果需要配置含有抗生素的平板培养基可加入相应的抗生素,比如添加200 μL Amp(100 mg·mL^{-1})并振荡后再倒板,即可获得具Amp抗性的平板。]

(5)每个培养皿中倒入20 mL琼脂,可多倒几个平板以备不时之需。

(6)将平板室温下放置24 h,然后倒置于塑料袋中。将其储存于冰箱内,随用随取。

2. 使用Fermentas TransformAid系统完成质粒转换前的初始步骤

(1)将DH5α细胞接种于2 mL的TransformAid C-medium中,接种3份。将细胞培养物在37 ℃条件下保存一夜。

(2)其中一份按照1∶1的体积比和甘油混合后放入-80 ℃保存。

3. 准备大肠杆菌感受态细胞

实验中采用的大肠杆菌细胞可以是DH5α,BL21或者JM109,它们适用于克隆。如果需要制备用于蛋白表达的大肠杆菌感受态细胞,那么需要的大肠杆菌细胞则为JM109 DE3或者BL21 DE3。

本实验,我们采用的大肠杆菌细胞是DH5α,制备方法如下:

(1)按照下面步骤准备100 mL的大肠杆菌细胞:将甘油保种的大肠杆菌细胞接种于

50 mL 的 L-肉汤培养基中,在 37 ℃摇床中培养一整夜。然后将其接种于 1 L 的 L-肉汤培养基中继续生长(37 ℃培养 3 h),直到测定其在 600 nm 处的光密度(OD_{600})为 0.5~0.6 时停止。然后,立即将装有菌液的三角瓶置于冰上 30 min。

(2)将菌液移入 500 mL 的无菌离心瓶,2 000 r/min,4 ℃离心 15 min,去上清液,收集菌体,倒置离心瓶并用吸水纸吸干残留的液体培养基。

(3)用 1 mL 预冷的 0.1 mol·L^{-1}无菌 $CaCl_2$ 重悬浮细胞,移入 25 mL 的离心管,轻缓地加入 24 mL 的 0.1 mol·L^{-1}无菌 $CaCl_2$。保持离心管插在冰上。重复步骤(2)离心。

(4)再次将步骤(3)中的沉淀重悬浮于 25 mL 的 0.1 mol·L^{-1}无菌 $CaCl_2$ 中,冰上孵化 20 min,重复步骤(2)离心。

(5)将步骤(4)中的沉淀重悬浮于 4.3 mL 的 0.1 mol·L^{-1}无菌 $CaCl_2$ 中,加入 0.7 mL 的冷甘油,即可得到大肠杆菌 DH5α 的感受态细胞。

(6)将制备好的大肠杆菌感受态细胞等分为 200 μL 每管,放入无菌离心管中,液氮迅速冷冻后,在-80 ℃条件下冻存。

4.感受态(DH5α)细胞的转化鉴定(无菌操作)

(1)取感受态细胞 100 μL,加入 pUC18 或 pBR322 质粒(0.3 mg·mL^{-1})10 μL 混匀。上述两种质粒均含有 Amp 的抗性。

(2)冰浴 30 min 后,42 ℃水浴热激 1.5 min,立即置于冰上 2 min,加入 LB 液体培养基 0.5 mL,37 ℃振荡培养 40 min。

(3)分别取菌液 30~100 μL 加到含 Amp 的 LB 固体培养基平皿上,用三角玻璃棒铺板后,室温放置 2 min,然后倒置放入 37 ℃恒温培养箱培养过夜,观察是否有菌落生成。

【实验结果分析】

对获得的大肠杆菌感受态细胞进行质粒转化,观察是否有菌落生成。

【注意事项】

(1)实验中所用的器皿均要灭菌,以防止杂菌和外源 DNA 的污染。

(2)实验过程中要注意无菌操作,溶液移取、分装等均应在生物安全柜中进行。

(3)应收获对数生长期的细胞用于感受态细胞的制备,且 OD_{600} 不应高于 0.6。

(4)制备感受态细胞所用试剂如 $CaCl_2$ 等质量要好。

(5)整个实验一定要在冰浴条件下操作,温度时高时低会影响感受态细胞的转化效率。

(6)42 ℃热处理很关键,温度要准确,转移速度要快。

【课后思考题】

(1)为什么$CaCl_2$处理后的细菌细胞更容易使DNA分子进入?

(2)为什么在制作感受态细胞时,"缓慢"用得如此频繁?细菌感受态细胞转化质粒后,能否在培养基平板上观察到细菌菌落出现?

实验拓展

[1]黄学娟,张金迪,张壮,等.一种优化的大肠杆菌感受态细胞制备及转化方法[J].基因组学与应用生物学,2017,36(12):5199-5204.

[2]张丽霞,贾海燕.一种简便高效大肠杆菌感受态细胞制备方法[J].江苏农业科学,2013,41(12):41-42.

DNA重组、转化及阳性克隆筛选

在前期准备实验完成的基础上,本次实验是分子克隆技术的关键内容。通过本次实验,我们将完成LDH基因片段和质粒pET15b的重组,构建重组质粒pET15b/LDH,并将其转化入大肠杆菌感受态细胞,进行克隆增殖,再通过蓝白斑筛选和双酶切鉴定出阳性克隆。

【实验目的】

(1) 学习DNA体外重组技术及转化方法。
(2) 了解重组质粒的鉴定原理和方法。

【实验原理】

DNA重组是指外源DNA与载体质粒分子的连接过程,这种重新组合的DNA叫作重组质粒。DNA在体外的连接重组是基因工程操作的核心技术之一,其本质是一个酶促反应过程。即在一定的条件下,DNA连接酶催化两个双链DNA片段的5′端磷酸和3′端羟基之间相互作用,形成磷酸二酯键的过程。常用的DNA连接酶有2种:T_4噬菌体DNA连接酶和大肠杆菌DNA连接酶。其中T_4噬菌体DNA连接酶对底物的要求低,能更有效地连接DNA的黏性末端和平末端,所以其应用更为广泛。T_4噬菌体DNA连接酶需要镁离子和ATP作为辅助因子,在一定的温度和pH条件下进行连接反应。

转化是指将质粒DNA或以它为载体构建的重组质粒导入细菌的过程。转化后,通常利用质粒本身携带的抗性基因筛选阳性克隆。本实验中使用的pET15b质粒携带有Amp,它可使接受了该质粒的受体菌获得Amp抗性。将转化后的受体细胞经过适当稀释,在含Amp的平板培养基上培养时,只有含有重组质粒的细菌才能存活,而未获得重组质粒的细菌细胞则因没有抵抗 Amp 的能力而死亡。体外连接的重组 DNA 分子必须经过转化，才能导入到宿主细胞中大量地进行复制、增殖和表达。

本实验利用携带 Amp 抗性的质粒 pET15b 作为载体，经 DNA 连接酶的作用，将外源基因 LDH 插入其多克隆位点，构建重组质粒 pET15b/LDH，并利用双酶切对获得的重组质粒进行鉴定。

【课前思考题】

(1) 克隆的含义是什么？
(2) 本实验使用的载体是什么？
(3) 本实验中使用的大肠杆菌细胞系是什么？
(4) 如何鉴定重组质粒？如何对含有重组质粒的阳性克隆进行筛选？

【实验材料】

1. 仪器与耗材

恒温培养箱，恒温摇床，恒温水浴锅，摇床，烘箱，生物安全柜，培养皿，离心机，冰箱，移液器，吸头，离心管，试管等。

2. 材料

载体 DNA，外源 DNA，DH5α 感受态细菌细胞等。

3. 试剂

DNA 限制性核酸内切酶 *Bam*HI 和 *Nde* I、DNA 核酸 Marker、T_4 DNA 连接酶、10×T_4 DNA 连接酶缓冲液、Amp、LB 液体培养基、LB 固体培养基平皿（含 Amp）、NaI、玻璃奶溶液，TransformAid C-medium 等。

【实验步骤】

1. 提取保存在凝胶中的 DNA

本步骤将利用以下方法提取所需的目的 DNA 片段（注：也可以使用商品化的凝胶基因纯化试剂盒）。其中，提取的 LDH 基因片段为《实验 11 PCR 扩增 *LDH* 基因》的 PCR 扩增产物，提取的 pET15b 质粒载体为《实验 13 提取纯化质粒载体》中纯化的限制性内切酶 *Nde* I 和 *Bam*H I 双酶切后的线性质粒。

(1) 在紫外光下，切割获取含有目的 DNA 的凝胶条带。

(2)将凝胶条带装入离心管中,按 1 mg : 1 μL 的比例加入 NaI 溶液。(例如,如果凝胶条带质量为 300 mg,则加入 300 μL 的 NaI)。

(3)45~55 ℃条件下孵育 5 min。

(4)加入玻璃奶溶液 5 μL,涡旋振荡 30 s。

(5)将离心管内溶液混合均匀并在冰上孵育 5 min。

(6)室温,8 000 r/min 离心 1 min。

(7)移出上清液并保存。上清液中应不含 DNA。保存是以防试验中出现差错。

(8)用新的 700 μL 核酸清洗液重新悬浮沉淀物,室温,8 000 r/min 离心 1 min,并移出上清液。

(9)将步骤(8)重复 2 次,充分洗涤沉淀物。

(10)用 5 μL TE 溶液(0.01 mol·L^{-1} Tris,1×10^{-3} mol·L^{-1} EDTA,pH 8.0)或纯净水重新悬浮沉淀。

(11)室温,8 000 r/min 离心 1 min。

(12)移出上清液并保存。这些上清液即为需要的 DNA 样品。

2. 培养细胞

(1)在装有 2 mL 培养基 TransformAid C-medium 的试管中加入 50 μL 保存的细菌细胞(DH5α)。

(2)在 37 ℃条件下,将试管放入摇床中培养过夜。

3. 目的 DNA 的连接及转化(利用 Fermentas TransformAid 系统)

本步骤将 LDH 基因片段连接到 pET15b 质粒载体上(载体图谱及多克隆位点信息见图 16.1)。为了完成重组,将需要各种各样的载体连接物和插入物。也需要设立无插入物的对照组来证明重组产物不是质粒载体自身闭合形成的(注:本实验中连接产物的转化方法也可参照《实验 15 制备大肠杆菌感受态细胞》中的步骤 4)。

(1)将 1.5 mL 培养基 TransformAid C-medium 加入至 4 个干净的有盖子的离心管中,加热至 37 ℃。

(2)在每个试管中均加入 150 μL 培养了一整夜的细胞培养物。

(3)将试管放入恒温摇床内,在 37 ℃下孵育 20 min。

(4)将 4 个 LB/Amp 平板放置在 37 ℃培养箱中。

(5)根据表 16.1 添加连接反应体系的物质。(LDH 和 pET15b 来自本实验中步骤 1 从凝胶中提取的 DNA 片段)。

表16.1 连接反应体系

加入项	管号			
	1#	2#	3#	4#
pET15b/μL	6	3	6	6
LDH 基因片段/μL	3	6	6	-
5×ligase buffer/μL	4	4	4	4
纯净水/μL	6	6	3	9
DNA ligase/μL	1	1	1	1
总计/μL	20	20	20	20

注:"-"表示无添加。

(6)涡旋混匀各试管后,2 000 r/min 离心 10 s。

(7)冰上孵育 1 h。

(8)将步骤(3)的试管在 4 ℃条件下,2 000 r/min 离心 1 min,弃去上清液。

(9)将 T-solution A 和 T-solution B 按照 1∶1 的比例混合成 T-solution 反应液。

(10)在离心管中加入 300 μL 的 T-solution,轻轻混合。

(11)冰上孵育 5 min。

(12)在 4 ℃条件下再次 2 000 r/min 离心 1 min,弃掉上清液。

(13)在离心管中加入 120 μL 的 T-solution。

(14)冰上孵育 5 min。

(15)从表 16.1 每个反应体系中各移出 5 μL 反应液至离心管中。从对照质粒组中也移出 5 μL 至另一离心管中,使其成为无 DNA 对照组。冷冻剩下的连接混合物,并做好标记。

(16)在 5 个试管中分别加入 50 μL T-Cell(连接物组、对照质粒组以及无 DNA 组)。

(17)在冰上孵育 5 min。

(18)将混合物涂布在 5 个 LB/Amp 培养皿上。

(19)37 ℃孵育一整夜。

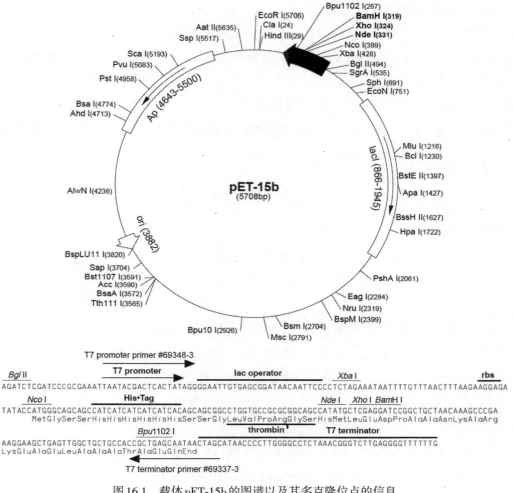

图16.1 载体pET-15b的图谱以及其多克隆位点的信息

(引自pET-15b的载体说明书,载体图谱中限制性内切酶的正斜体参考原图未改动。)

4.准备细菌隔夜培养

(1)提前1 d将平板从培养箱中取出并保存于4 ℃的冰箱内。

(2)从冰箱内拿出平板。

(3)从接种连接物的平板上挑选5个单菌落。如果不止1个接种连接物的平板上出现菌落,则从其他平板上也各挑选几个单菌落。

(4)将其接种到装有5 mL LB液体培养基的无菌离心管中。

(5)再加入5 μL 100 mg·mL^{-1}的Amp,确保盖子不能过紧。这样可以允许氧气进入。

(6)置于37 ℃的恒温摇床中培养过夜。

5. 重组质粒的提取及双酶切鉴定

参照《实验13 提取纯化质粒载体》纯化制备 pET15b/LDH 重组质粒,并参照《实验14 DNA 限制性酶切》使用 *Nde* I 和 *Bam*HI 两种限制性内切酶鉴定纯化的重组质粒。在此过程中,要保存好剩下的质粒,并加以标记。

6. 琼脂糖凝胶电泳检测双酶切的结果

参照《实验12 琼脂糖凝胶电泳检测 DNA》对重组质粒的双酶切产物进行电泳检测。

【实验结果】

(1)描述看到的以下4组转化培养皿上的结果:pET15b/LDH 连接物、没有 LDH 的 pET15b、质粒对照组、无 DNA 对照组。

(2)根据琼脂糖凝胶成像的图片分析质粒双酶切的鉴定结果。

【注意事项】

(1)实验中所用的器皿均要灭菌,以防止杂菌和外源 DNA 的污染。

(2)实验过程中要注意无菌操作,溶液移取、分装等均应在生物安全柜中进行。

(3)转化实验一定要在冰浴条件下操作,温度时高时低会影响转化效率。

(4)双酶切检测实验过程中,使用药品如核酸内切酶时,需要在冰上进行。注意节约实验药品。

(5)进行核酸凝胶电泳实验时,注意戴上手套,EB 及部分液体有毒。

(6)用试剂盒回收凝胶中的目的 DNA 时,凝胶中含有 EB,所以在操作时请戴上手套。

【课后思考题】

(1)转化后哪个平板上出现的菌落最多?这是你所预期的结果吗?为什么?

(2)如果不含 LDH 的 pET15b 平板上有菌落出现意味着什么?

(3)在无 DNA 的对照组中,如果有菌落出现意味着什么?

(4)如何分析双酶切凝胶电泳图像上的结果?琼脂糖凝胶电泳上显示的条带分别是什么?

(5)对被用来克隆的质粒有何基本要求?

(6)一个具有多克隆位点(MCS)的载体含有以下顺序排列的限制性酶切位点:*Hind* III,*Sac* I,*Xho* I,*Bgl* II,*Xba* I 和 *Cla* I。现在有一个含有多克隆位点的核苷酸序列,该序列上下游分别含有 *Hind* III 和 *Cla* I 的限制性酶切位点。如果要将这个 DNA 片段定向克隆到上述载体中,请给出在载体和插入物的每个末端的核苷酸序列,并尝试说明插入片段只能在一个方向被克隆到载体上的原因。

实验拓展

[1] 史晏榕,孙宇辉.DNA克隆和组装技术研究进展[J].微生物学通报,2015,42(11):2229-2237.

[2] 张亚旭.DNA重组技术的研究综述[J].生物技术进展,2012,2(1):57-63.

[3] 王友如.$CaCl_2$浓度对感受态细胞转化效率的影响[J].湖北师范学院学报(自然科学版),2006,26(3):30-32.

加入本书学习交流群
回复"实验16"
获取课程PPT及拓展资料
入群指南见封二

实验17 外源基因的原核表达及纯化

将外源基因插入合适载体后导入大肠杆菌,用于表达大量蛋白质的方法称为原核表达。利用大肠杆菌对外源基因进行蛋白质表达的原核表达系统,是基因表达技术中发明最早、使用最广泛的一种外源蛋白质表达系统。该系统具有操作简单、表达时间短、表达量高等特点。

【实验目的】

(1)学习外源基因的原核表达方法。
(2)了解原核表达蛋白的检测及纯化的原理。

【实验原理】

原核表达系统是利用细菌的乳糖操纵子结构建立的一种体外表达系统。当没有乳糖时,该系统处于抑制状态,而当有乳糖以及其他诱导剂[比如IPTG(异丙基硫代半乳糖苷)]存在时,该系统则被激活。

重组表达蛋白的纯化:参照《实验3 亲和层析法纯化LDH》的步骤,利用5 mL的HisTrap镍吸附柱纯化诱导表达的LDH。亲和层析(Affinity Chromatography, AC)是利用生物大分子与其配体(如,抗原与抗体、激素与其受体、酶与其底物等)专一、可逆的结合性质而设计的层析方法。通过将具有亲和力的两个分子中的一个(配基)固定在不溶性的惰性基质上,对另一个分子进行分离纯化。亲和层析是在专一吸附剂上进行的层析,具有简单、快速、特异性强、分辨率高等特点,是蛋白质等生物大分子最有效的分离方法。由于亲和层析应用的是生物学特异性而不依赖于物理化学性质,故非常适用于分离低浓度的待纯化蛋白。

【课前思考题】

(1) 表达的含义是什么?

(2) 本实验使用的载体是什么?

(3) 本实验中使用的大肠杆菌细胞系是什么?该细胞系与克隆时所用的大肠杆菌细胞系有什么区别?

【实验材料】

1. 仪器与耗材

烘箱,恒温培养箱,恒温摇床,生物安全柜,蠕动泵,电泳仪,培养皿,LB液体培养基试管,三角瓶,离心机,冰箱,移液器,吸头,离心管,吸水纸等。

2. 材料

重组质粒载体 pET15b/LDH, BL21(DE3)细菌感受态细胞(参照实验15制备)。

3. 试剂

LB液体培养基,IPTG,Amp,SDS,无水乙醇,二甲基甲酰胺等。

【实验步骤】

1. 准备 LB/Amp 培养皿

参照《实验15 制备大肠杆菌感受态细胞》制备 LB/Amp 培养皿。

2. 培养表达细胞

(1) 在3个试管中各加入 2 mL TransformAid C-medium,并各接种 20 μL BL21(DE3)细菌感受态细胞。

(2) 在 37 ℃ 条件下,将试管置于摇床中培养过夜。

3. 重组质粒转化 BL21(DE3) 细胞(利用 Fermentas TransformAid 系统)

(1) 在3个试管中各加入 1.5 mL 的 TransformAid C-medium,加热至 37 ℃。

(2) 在试管中加入 150 μL 过夜培养的细胞培养物。

(3) 将其放在 37 ℃ 的恒温摇床上孵育 20 min。

(4) 把试管放在冰上,在 4 ℃ 条件下 2 000 r/min 离心 1 min。弃掉上清液。

(5) 将 T-solution A 和 T-solution B 按照 1:1 的比率混合成 T-solution 反应液。

(6) 在试管中加入 300 μL 的 T-solution,轻轻混合。

(7) 冰上孵育 5 min。

(8)在4 ℃条件下再次2 000 r/min离心1 min,弃掉上清液。

(9)在试管中加入120 μL的T-solution。

(10)冰上孵育5 min。

(11)取10 μL的pET15b/LDH转移至1.5 mL的离心管中。

(12)取10 μL的对照组质粒转移至1.5 mL的离心管中。

(13)将2个试管连同第3个对照空白试管放置在冰上5 min。

(14)在每个DNA离心管中加入50 μL T-cells,剩下的转移至对照试管中。

(15)将所有的离心管放置在冰上5 min。

(16)将DNA和对照组细胞混合物接种到LB/Amp平板上。

(17)对照组平板中,接种所有的混合物。

(18)对质粒组平板,每种质粒接种2个平板,分别接种19 μL和40 μL。

(19)将5个平板在37 ℃条件下培养过夜。

4. SDS-PAGE电泳检测外源蛋白

参照《实验8 聚丙烯酰胺凝胶电泳测定LDH相对分子质量》,利用SDS-PAGE电泳检测最终产物中是否含有外源蛋白LDH。

5. 过夜培养携带有pET15/LDH的BL21(DE3)细胞

(1)在转化有pET15/LDH的平板中挑选3个菌落,接种至装有10 mL LB液体培养基的无菌离心管内。添加10 μL 100 mg·mL^{-1}的Amp。

(2)在37 ℃的摇床内培养过夜。

6. 增殖表达LDH

(1)将过夜培养的细胞培养液,按比例稀释到2 L。

(2)在37 ℃条件下培养2 h,当OD$_{600}$大约为0.4时,将其分为2份。

(3)一份500 mL不加诱导剂进行诱导。

(4)另一份1 500 mL加入IPTG诱导剂进行诱导表达,IPTG的最终浓度为1×10^{-3} mol·L^{-1}。

(5)将这些培养物在30 ℃培养3 h。

7. 收获细胞

(1)在已称重的2个三角瓶内分别加入250 mL已诱导和未经诱导的细胞。

(2)5 000 r/min离心20 min。

(3)弃掉上清液。

(4)再次称重瓶子确定细胞沉淀物的质量。

(5)加入10倍量的结合液(0.029 mol·L^{-1}磷酸盐,0.05 mol·L^{-1}氯化钠,pH 7.4),通过移

液管重新悬浮菌体。

(6)超声处理细胞4次,每次30 s。每两次间隔30 s。超声破碎时需在冰上进行。

(7)10 000 r/min离心15 min。

(8)保留上清液。安全起见也保留沉淀物。

(9)保存500 μL未经诱导和已经诱导的细胞上清液,用于之后的酶测定实验。

(10)当材料不使用时,将其放在冰上或冰箱中保存备用。

8. 准备组装离心柱

参照《实验3　亲和层析法纯化LDH》的步骤,利用5 mL的HisTrap镍吸附柱纯化诱导表达的LDH。该步骤根据所使用的吸附柱规格不同而有所差异。通过吸附柱的液体流速应为$1 mL \cdot min^{-1}$。

(1)使用5~10倍柱体积的纯净水来冲洗吸附柱。

(2)使用5~10倍柱体积的结合液平衡吸附柱。

(3)通过蠕动泵加载诱导的样品。在样品加载快要结束的时候,收集1 mL通过柱子的液体。该样品可作为没有结合到吸附柱上的蛋白质。

(4)当样品加载完成时,使用5倍柱体积的结合液冲洗柱子。

9. 洗脱LDH

(1)将冲洗吸附柱的缓冲液更换为洗脱液($0.02 mol \cdot L^{-1}$磷酸盐、$0.5 mol \cdot L^{-1}$氯化钠、$0.5 mol \cdot L^{-1}$咪唑、pH 7.4)。

(2)控制洗脱流速$1 mL \cdot min^{-1}$,用5~10倍柱体积的平衡缓冲液冲洗层析柱,同时检测流出液的吸光度A_{280nm}值。

(3)收集洗脱液,紫外检测仪测定A_{280nm}值,绘制蛋白洗脱曲线图,测定蛋白峰样品的LDH活力,确定LDH回收范围。

(4)继续使用洗脱液洗涤柱子直到结合蛋白完全被洗脱。

(5)待洗脱结束后,先用5~10倍柱体积的平衡缓冲液洗柱,再用5~10倍柱体积的纯净水洗柱。树脂可用20%乙醇保存。

10. 酶的测定

参照《实验6　LDH酶活力测定》的步骤,测定下列流出物质的酶活力:未诱导的细胞上清液、诱导的细胞上清液、吸附柱柱子流出的洗涤液和通过吸附柱收集的样品。

11. SDS-PAGE凝胶电泳检测LDH的表达量

最后,参照《实验8　聚丙烯酰胺凝胶电泳测定LDH相对分子质量》,利用SDS-PAGE电泳检测以下样品:道尔顿Ⅶ Marker、甘油醛-3-磷酸Maker(它与LDH具有相同的相对分子质量)、未经诱导的细胞上清液、经过诱导的细胞上清液、HisTrap吸附柱流出的液体和从柱子中心流出的最具活性的5个样品。分析未经诱导细胞和诱导细胞中LDH的表达量。

【实验结果分析】

(1) 做出 SDS-PAGE 凝胶结果的草图。

(2) 根据酶样品测定结果填写下表。

样品	A_{280nm}	LDH相对活力/$U \cdot mL^{-1}$
未经诱导的上清液		
经过诱导的上清液		
从柱子中流出的液体		
收集管1#		
收集管2#		
收集管3#		
……		

【注意事项】

(1) 实验中所用的器皿均要灭菌,以防止杂菌和外源DNA的污染。

(2) 实验过程中要注意无菌操作,溶液移取、分装等均应在生物安全柜中进行。

(3) 菌体超声处理过程中要注意保持低温环境。

(4) 蛋白纯化时流经柱子的液体流速不宜过快。

【课后思考题】

(1) 未经诱导和经过诱导的样品结果有什么不同,这一结果表明了什么?

(2) LDH融合蛋白的纯化属于哪一种蛋白质纯化类型?

(3) 对被用来表达外源蛋白质的质粒有何基本要求?

(4) 利用所学知识,概述在细菌内产生人促红细胞生成素的步骤。

(5) β-globin的基因是一个含有内含子的基因,那么内含子会影响在细菌中表达人类β-globin基因吗?

实验拓展

[1] 杨川,胡敏.斑马鱼SFPQ蛋白的原核表达及纯化[J].生物技术通报,2016,32(1):163-168.

[2] 于丽,邵烈刚,刘海军,等.猪繁殖与呼吸综合征病毒核衣壳蛋白基因的原核表达及纯化[J].动物医学进展,2010,31(12):58-61.

加入本书学习交流群
回复"实验17"
获取课程PPT及拓展资料
入群指南见封二

第二部分 生物信息学实验

CONTENTS

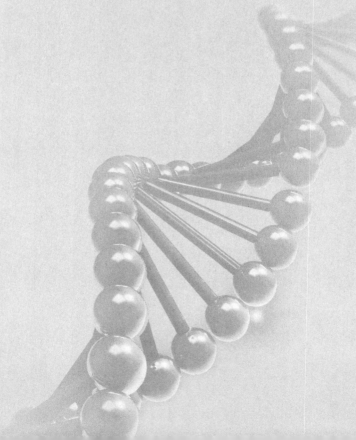

实验 18

PCR 引物设计

为了保证聚合酶链式反应(Polymerase Chain Reaction,PCR)实验的特异性,必须通过设计 PCR 上下游引物,来控制 PCR 扩增的目的片段。因此,PCR 引物设计是 PCR 扩增实验过程中至关重要的一步。本实验我们学习并使用软件 Primer Premier 5.0 设计 PCR 扩增引物。

【实验目的】

(1)学习使用软件 Primer Premier 5.0 设计 PCR 扩增引物。
(2)了解 PCR 引物设计的原理及注意事项。

【实验原理】

PCR 扩增实验通常由变性、复性、延伸这 3 个步骤组成,在复性这一步骤中,需要一对合适的核苷酸片段作为引物来控制和完成该过程,因此,引物设计的优劣将直接影响到 PCR 扩增实验的成功与否。当设计的 PCR 引物不合适时,非常容易导致 PCR 实验失败,比如:设计的引物特异性不高,就可能扩增出目的片段以外的其他杂带;设计的引物特异性过高,则 PCR 扩增效率会降低,甚至扩增不出条带。

PCR 引物设计过程中有诸多要求(见本实验的"注意事项"),稍有不慎,就可能导致 PCR 扩增实验的失败。因此,目前大多数 PCR 引物设计都通过计算机软件进行,Primer Premier 5.0 就是一款常用的引物设计软件。根据用户提交的模板序列,软件 Primer Premier 5.0 能设计出几十对引物,并基于引物设计原则,对每对引物进行评分,再进行分值排序,供用户按照自己的需求选择。

【课前思考题】

(1)如何通过PCR上下游引物,控制PCR扩增的目的片段?

(2)除软件Primer Premier 5.0外,还有哪些常用的引物设计软件?各软件有何特点?

【实验仪器及软件】

计算机,引物设计软件Primer Premier 5.0。

【实验步骤】

(1)打开序列文件"Bos_taurus_LDHA_gene.txt"。(图18.1)

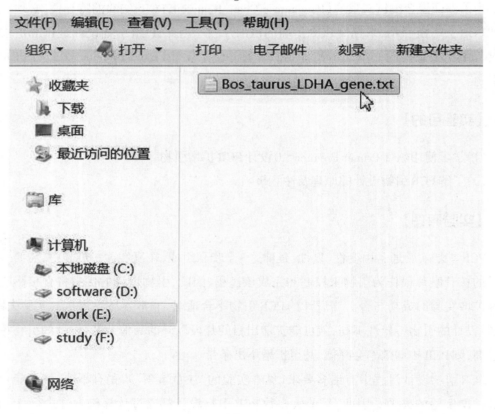

图18.1

(2)全选序列，复制被选择的序列。(图 18.2)

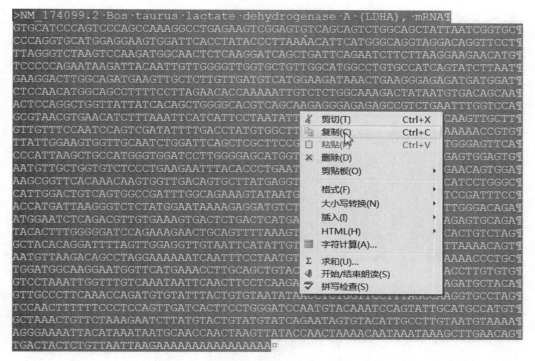

图 18.2

(3)打开软件 Primer Premier 5.0。(图 18.3)

图 18.3

(4)点击菜单栏中的"File"–"New"–"DNA Sequence"。(图18.4)

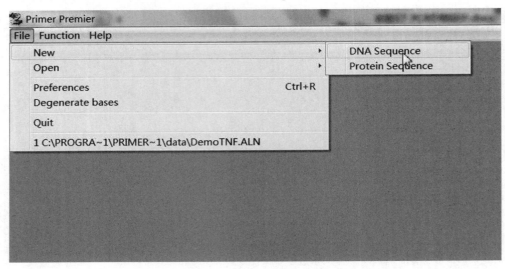

图18.4

(5)弹出"GeneTank"窗口。(图18.5)

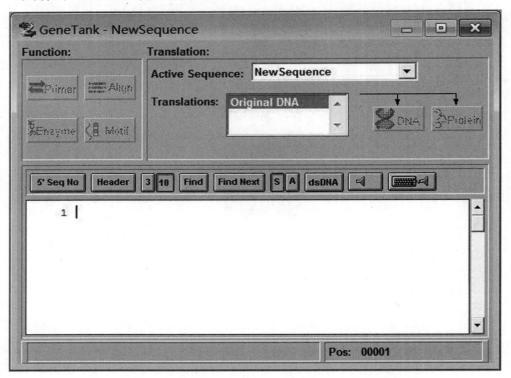

图18.5

（6）在"GeneTank"窗口中，使用快捷键"Ctrl+V"粘贴序列，选择"As Is"，点击"OK"。（图18.6）

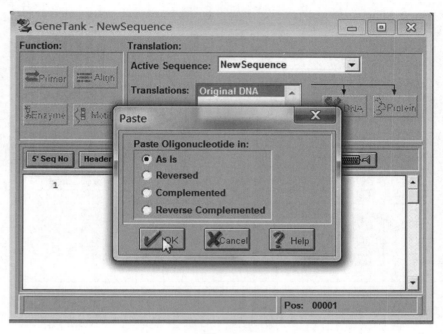

图18.6

（7）粘贴好序列后，选择点击"Primer"。（图18.7）

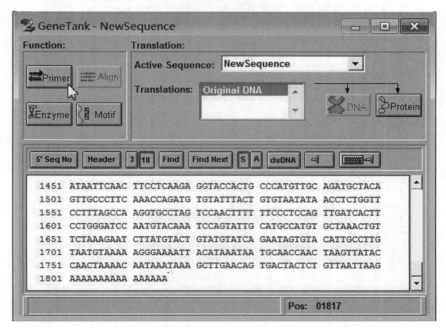

图18.7

（8）在弹出的"Primer Premier"窗口中，点击"Search"。（图18.8）

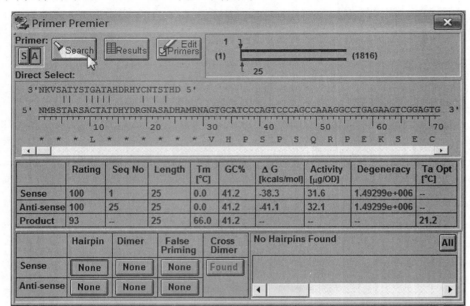

图18.8

（9）在"Search Criteria"窗口中，根据自己的搜索需求，设置"Search Ranges""Primer Length"等各项参数。点击"OK"，进行引物搜索。（图18.9）

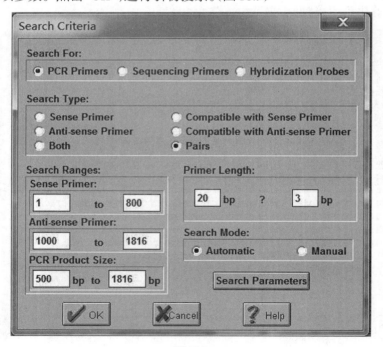

图18.9

(10) 根据引物得分排序(Rating)、引物退火温度(T_m)、PCR 产物长度(Product Size)、发夹结构(Hairpin)、二聚体(Dimer)、错配(False Priming)等各项参数,选择出最佳引物。选择 中的正向引物"S",点击 。(图 18.10)

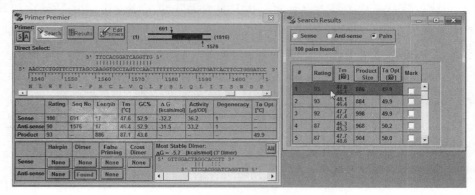

图 18.10

(11) 弹出"Edit Primer"引物编辑窗口,选中窗口中的序列,"Ctrl+C"复制到文本文件中,即得正向引物的序列。同理,在步骤10中选择 中的反向引物"A",在引物编辑窗口中,"Ctrl+C"复制反向引物序列到文本文件中,即得反向引物的序列。(图 18.11)

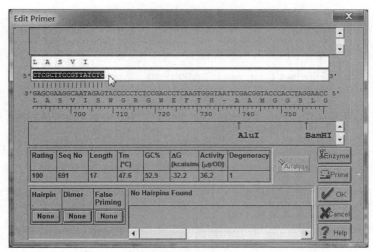

图 18.11

(12) 将设计好的引物序列发送给公司进行合成,待引物合成后,即可进行 PCR 实验。

【注意事项】

(1) 引物最好在模板 DNA 的保守区内设计。

(2) 引物长度一般为 15~30 bp,常用 18~22 bp,因为过长会导致其延伸温度大于

74 ℃，导致不适于 Taq DNA 聚合酶进行反应。

(3) 引物的 GC 含量以 40%~60% 为宜，一对引物的 GC 含量尽量接近，T_m 值最好接近 72 ℃。

(4) 引物 3′端要避开密码子的第 3 位，因其具有简并性，会影响扩增的特异性和效率；引物 3′端出现 3 个以上的连续碱基，如 GGG 或 CCC，也会增加错误概率；5′端序列对 PCR 影响不太大，因此常用来引入修饰位点或标记物。

(5) 引物 3′端尽量不要选择 A，因为错配概率：A>G、C>T。

(6) 碱基要随机分布，尽量不要有聚嘌呤和聚嘧啶。

(7) 引物自身及引物之间不应存在互补性，尤其应避免 3′端的互补重叠以防止引物二聚体的合成。引物之间不能有 4 个连续碱基的互补。

(8) 引物发夹结构也可能导致 PCR 实验失败。

【课后思考题】

(1) PCR 引物人工设计和软件设计的各自优缺点是什么？

(2) 列出 5 对自行设计的引物序列，并分析各对引物的优劣。

实验拓展

[1] Primer Premier 软件网站：http://www.premierbiosoft.com/primerdesign/index.html

[2] Primer Premier 软件使用说明

[3] 尤超, 赵大球, 梁乘榜, 等. PCR 引物设计方法综述[J]. 现代农业科技, 2011(17): 48-51.

[4] 磨美兰, 甘书钻. 动物传染病研究中 PCR 引物设计的技巧及相关软件介绍[J]. 广西农业生物科学, 2008, 27: 72-75.

[5] 张新宇, 高燕宁. PCR 引物设计及软件使用技巧[J]. 生物信息学, 2004, 2: 15-18.

[6] 任亮, 朱宝芹, 张轶博, 等. 利用软件 Primer Premier 5.0 进行 PCR 引物设计的研究[J]. 锦州医学院学报, 2004, 25(6): 43-46.

加入本书学习交流群
回复"实验18"
获取课程PPT及拓展资料
入群指南见封二

凝胶电泳图像分析

电泳实验是生物化学与分子生物学研究的一项重要技术,是分离鉴定生物样品的重要方法。对于实验获得的电泳图像,我们既可以通过肉眼,对图像进行简单分析,也可以通过计算机软件,科学地检测图像中条带的光密度并分析结果。本实验我们学习软件 Gel-Pro Analyzer 4.0,并利用该软件分析凝胶电泳图像。

【实验目的】

(1) 学习使用软件 Gel-Pro Analyzer 4.0 分析凝胶电泳图像。
(2) 了解凝胶电泳图像中 DNA 定量的原理。

【实验原理】

无论是凝胶电泳图像、分子杂交图像或者化学发光图像,从图像分析角度来看,都是条带光密度的分析问题。因此,研究人员就开发了专门分析该类图像的软件来解决此问题。通常,各个凝胶电泳成像系统公司都为自己的成像系统编制了图像分析软件,比如 Bandscan 和 Quantity One,而软件 Gel-Pro Analyzer 是最为常用的一款(目前已更新到 6.0 以上)。实际上,各凝胶电泳图像分析软件的原理和功能都大同小异,仅界面和操作上有所差异。

软件 Gel-Pro Analyzer 4.0 通过检测图像中条带的光密度,自动确认条带位置,但由于图像的分辨率问题,可能需要人为进行条带位置的调整。再将目的条带与已知相对分子质量的 Marker 进行比对,即可根据二者的相对位置,确认该目的条带的相对分子质量。通常情况下,条带中的生物样品浓度越高,该条带在图像中就越亮,其光密度值就越大。因此,Gel-Pro Analyzer 4.0 通过计算图像中各条带的光密度值,即可估算出该条带中所含的生物样品浓度。

【课前思考题】

(1)常用的DNA Marker有哪些？怎么根据自己的实验进行选择？

(2)软件Gel-Pro Analyzer 4.0除了分析凝胶电泳图像，还能分析哪些实验图像？

【实验仪器及软件】

计算机,凝胶电泳图像分析软件Gel-Pro Analyzer 4.0。

【实验步骤】

(1)打开软件Gel-Pro Analyzer 4.0。(图19.1)

图19.1

(2)点击菜单栏中的"File"-"Open"或 ,打开要处理的电泳图。(图19.2)

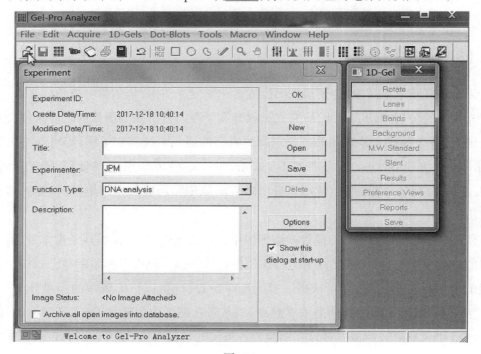

图19.2

（3）如果电泳图中条带不水平、泳道不垂直，可以点击"1D-Gel"窗口中的"Rotate"进行旋转调节。（图19.3）

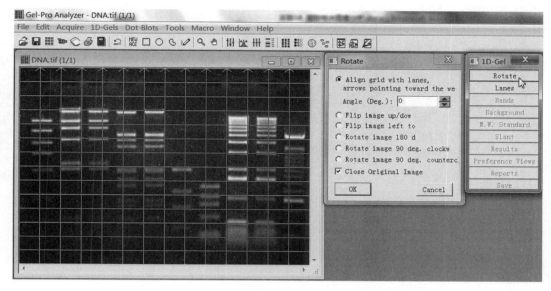

图19.3

（4）点击"1D-Gel"窗口中的"Lanes"，自动选择泳道。若有目的泳道未选择上，可以点击"Lanes"窗口中的"Add Lanes"手动选择目的泳道，也可以点击"Delete Lanes"删除不需要分析的泳道。（图19.4）

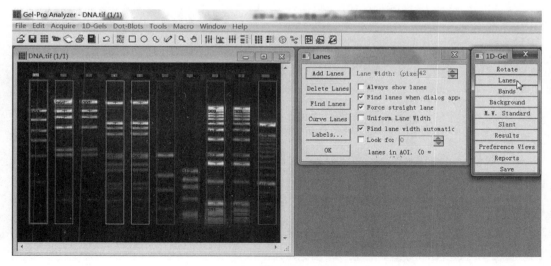

图19.4

(5)泳道选择好后,可以点击"1D-Gel"窗口中的"Bands",选择泳道中的条带。可以点击"Add Bands"和"Delete Bands"以增加和删除条带。(图19.5)

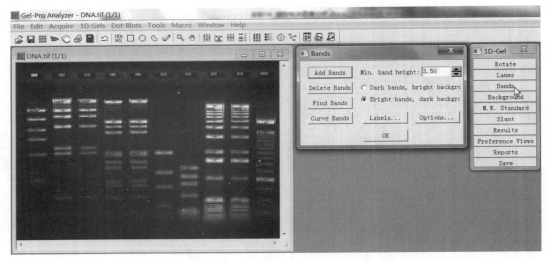

图19.5

(6)点击"1D-Gel"窗口中的"M. W. Standard",在弹出的窗口中进行内标Lane 1的设定。可在"Molecular Weight Standard"下拉菜单中选择电泳使用的DNA Marker,例如"DL2000"。也可点击"New",在弹出的"Create New Molecular Weight Standard"窗口中,新建DNA Marker。(图19.6)

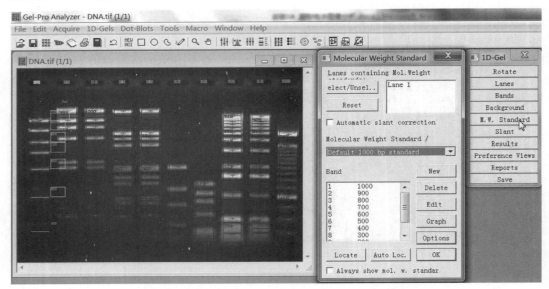

图19.6

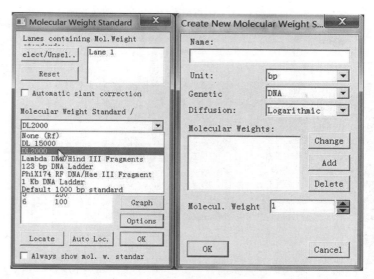

图19.6（续）

（7）选择好DNA Marker后，点击"Auto Loc."，自动标记相对分子质量。（图19.7）

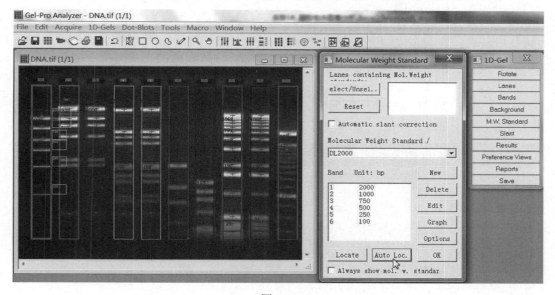

图19.7

（8）点击"1D-Gel"窗口中的"Results"，分析各泳道中各条带的相对分子质量和DNA含量。结果显示在"Amounts/Mol. Weights"窗口中，相对分子质量（mol.w.）栏表示DNA片段长度（bp），含量（amount）栏表示样品中DNA质量（ng）。Gel-Pro Analyzer 4.0定义每条泳道的DNA质量为100 ng，各条带的DNA质量依据其光密度值（亮度）进行估计。（图19.8）

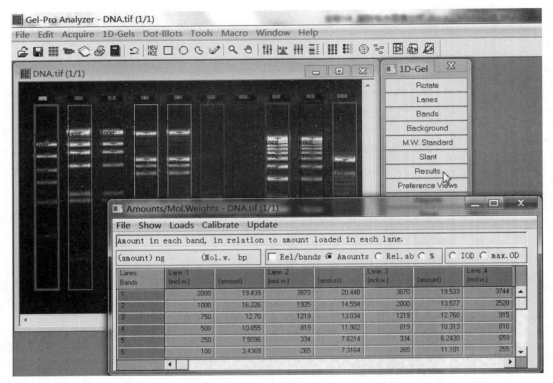

图 19.8

(9)点击"IOD"可以显示各条带的整合光密度值,点击"max. OD"可以显示各条带的最大光密度值。(图 19.9)

图 19.9

【课后思考题】

(1)电泳图中各条带的DNA相对分子质量是如何确定的?

(2)分析实验得到的电泳结果,判断目的DNA片段大小及其光密度值?

实验拓展

[1]Gel-Pro Analyzer软件使用说明。

[2]吴艳丽,赵德群,陈鹏宇.一种凝胶电泳图像的预处理方法[J].国外电子测量技术,2016,35(11):53-57.

[3]王华华.蛋白质凝胶电泳图像分析系统的设计[D].泰安:山东农业大学,2012.

[4]阮运杰.DNA凝胶电泳分析系统研究[D].哈尔滨:哈尔滨工程大学,2012.

[5]刘跃华,施征,张晶,等.一种改进的凝胶电泳图像采集分析系统[J].分析仪器,2008(3):11-13.

NCBI数据库介绍及序列下载

随着互联网技术的发展和众多物种基因组测序的完成,无数的生物信息数据通过各种公共数据库向全球科学工作者开放。因此,学会利用这些公共数据库,获取其包含的生物数据,就成为生物信息学研究的重要一步。本实验我们学习NCBI数据库,并从该数据库中下载所需的序列。

【实验目的】

(1)了解NCBI数据库的组成和内容。
(2)学会使用NCBI数据库,获取序列数据。

【实验原理】

NCBI数据库是美国国家生物技术信息中心(National Center for Biotechnology Information)设置的生命科学领域的公共数据库,向全球科学工作者提供生物信息学工具和重要的生物数据资源。该数据库包括序列数据库GenBank、生命科学文献库PubMed、孟德尔人类遗传库、单核苷酸多态性库、蛋白质三维结构库、物种分类库等,也提供序列检索工具BLAST和全数据库搜索系统Entrez。

1992年以来,NCBI陆续将其他数据库与GenBank进行整合,包括基因库、蛋白质库、基因组库、孟德尔人类遗传库、单核苷酸多态性库、蛋白质三维结构库、物种分类库等,并给每一条序列一个序列号、每一个物种一个分类号。因此,一个数据库的检索结果,可以链接到其他数据库中,以方便研究人员查看更多的数据信息。而作为世界三大序列数据库的GenBank,每天也会与其他两家数据库(欧洲的EMBL、日本的DDBJ)进行数据的交换和更新,确保全球序列数据的一致性。

【课前思考题】

（1）NCBI包括哪些常见的数据库？各有什么内容？

（2）为什么要设立NCBI等大型数据库？

【实验仪器及软件】

连接互联网的计算机，NCBI数据库。

【实验步骤】

1.NCBI全数据库检索

（1）打开NCBI数据库网站：https://www.ncbi.nlm.nih.gov/。（图20.1）

图20.1

（2）在NCBI网站顶部的搜索栏，填入关键词，如"Lactate Dehydrogenase"（乳酸脱氢酶），点击"Search"，进行全数据库（All Databases）的搜索。（图20.2）

图20.2

（3）在搜索结果网页，可以看见各数据库的检索结果。主要包括6大部分：文献库（Literature）、基因库（Genes）、遗传库（Genetics）、蛋白质库（Proteins）、基因组库（Genomes）、化学库（Chemicals）。各部分又包括多种数据库，例如常用的文献库（PubMed）、表达序列标签库（EST）、基因库（Gene）、同源基因库（HomoloGene）、非冗余基因库（UniGene）、基因型/表型库（dbGaP）、孟德尔人类遗传库（OMIM）、单核苷酸多态性库（SNP）、保守结构域库（Conserved Domains）、蛋白质库（Protein）、蛋白质聚类库（Protein Clusters）、蛋白质结构库（Structure）、基因组组装库（Assembly）、基因组项目库（BioProject）、基因组样本库（BioSample）、基因组库（Genome）、核苷酸库（Nucleotide）、探针库（Probe）、物种分类库（Taxonomy）、生物系统库（BioSystems）等。后面的数字表示在该库中，检索到的关键词条目数。点击相应数据库名，可以进入库中，查看具体的检索结果。（图20.3）

图 20.3

2. NCBI 文献库(PubMed)检索

(1)NCBI除了允许进行全数据库(All Databases)搜索外,还可以在具体的单一数据库中进行检索。比如,在NCBI首页的顶部搜索栏,选择数据库下拉菜单中的"PubMed",再填上关键词"Lactate Dehydrogenase",点击"Search",即可在PubMed文献库中检索与该关键词有关的文献。(图20.4)

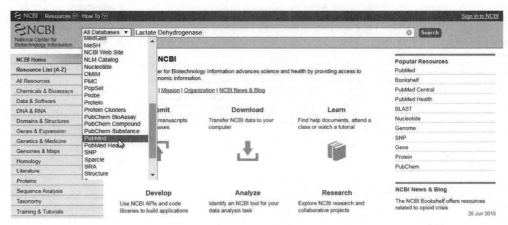

图20.4

(2)在文献库检索结果页面,会列出与关键词有关的文献,其中展示的信息有文献的题目、作者、发表期刊、发表时间等。点击自己感兴趣的文献,可以查看该篇文献的具体信息。(图20.5)

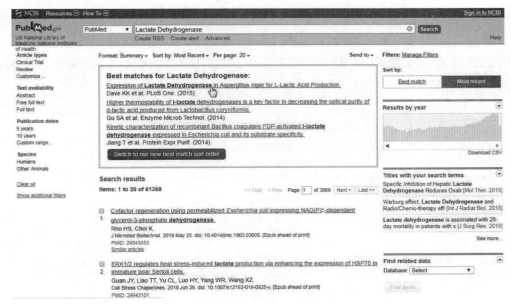

图20.5

（3）在文献具体信息页面，可以阅读到该文的摘要。部分文献提供了免费的全文下载链接，点击右上的"Free, Full text"链接，即可下载该文献的全文。（图20.6）

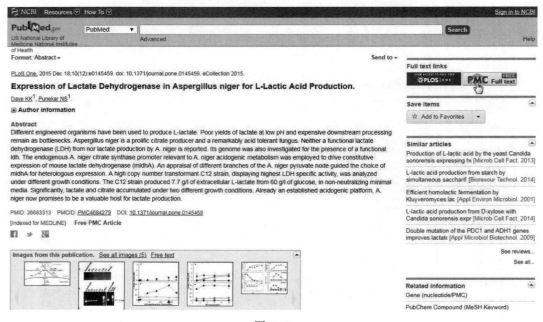

图20.6

3. NCBI核苷酸库（Nucleotide）检索

（1）在NCBI首页搜索栏中，选择"Nucleotide"数据库，填入关键词后显示："'Lactate Dehydrogenase' AND 'Bos taurus' [orgn]"。其意思是，检索在物种牛（Bos taurus）中的乳酸脱氢酶。点击"Search"后，进行核苷酸库（Nucleotide）的检索。（图20.7）

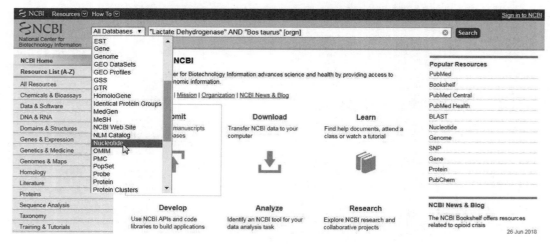

图20.7

（2）在核苷酸库检索结果页面，会列出与关键词有关的已公布核苷酸。但需要注意的是，由于牛的乳酸脱氢酶（Lactate Dehydrogenase，LDH）是一个四聚体酶，由 *LDHA*、*LDHB*、*LDHC*、*LDHD* 4 个基因编码的 4 个蛋白质亚基组成，此处我们仅选择编码牛的乳酸脱氢酶 A 亚基的 *LDHA* 基因（序列号：NM_174099.2）进行演示。选择核苷酸数据时，除了要注意序列名称外，还要注意是 mRNA 序列还是 EST 序列，是 complete（完整）序列还是 partial（部分）序列等。所有信息都应该注意，以免下载的序列不是我们所需要的。（图 20.8）

图 20.8

（3）进入牛 *LDHA* 基因（序列号：NM_174099.2）的详细页面，可以查看到该序列的 GenBank 格式数据，包括序列信息行（LOCUS）、序列定义（DEFINITION）、序列号（ACCESSION）、序列版本号（VERSION）、关键词（KEYWORDS）、序列来源物种（SOURCE）、物种分类（ORGANISM）、序列来源文献（REFERENCE）、文献作者（AUTHORS）、文献题目（TITLE）、文献发表刊物（JOURNAL）、文献 PubMed 号（PUBMED）、序列备注（COMMENT）、序列特征（FEATURES）、序列数据（ORIGIN）。其中序列特征中包括：序列来源物种（source）、序列编码基因（gene）、外显子（exon）、生物学特性（misc_feature）、蛋白质编码序列（CDS）等。（图 20.9）

Bos taurus lactate dehydrogenase A (LDHA), mRNA

NCBI Reference Sequence: NM_174099.2

FASTA Graphics

```
LOCUS       NM_174099               1786 bp    mRNA    linear   MAM 14-MAY-2018
DEFINITION  Bos taurus lactate dehydrogenase A (LDHA), mRNA.
ACCESSION   NM_174099
VERSION     NM_174099.2
KEYWORDS    RefSeq.
SOURCE      Bos taurus (cattle)
  ORGANISM  Bos taurus
            Eukaryota; Metazoa; Chordata; Craniata; Vertebrata; Euteleostomi;
            Mammalia; Eutheria; Laurasiatheria; Cetartiodactyla; Ruminantia;
            Pecora; Bovidae; Bovinae; Bos.
REFERENCE   1  (bases 1 to 1786)
  AUTHORS   Ishiguro N, Osame S, Kagiya R, Ichijo S and Shinagawa M.
  TITLE     Primary structure of bovine lactate dehydrogenase-A isozyme and its
            synthesis in Escherichia coli
  JOURNAL   Gene 91 (2), 281-285 (1990)
   PUBMED   2210387
COMMENT     PROVISIONAL REFSEQ: This record has not yet been subject to final
            NCBI review. The reference sequence was derived from D90143.1.
            On Jun 3, 2003 this sequence version replaced NM_174099.1.

            ##Evidence-Data-START##
            Transcript exon combination :: D90143.1 [ECO:0000332]
            RNAseq introns              :: single sample supports all introns
                                           SAMN03145472 [ECO:0000348]
            ##Evidence-Data-END##
FEATURES             Location/Qualifiers
     source          1..1786
                     /organism="Bos taurus"
                     /mol_type="mRNA"
                     /db_xref="taxon:9913"
                     /chromosome="29"
                     /map="29qter"
     gene            1..1786
                     /gene="LDHA"
                     /note="lactate dehydrogenase A"
                     /db_xref="BGD:BT10370"
                     /db_xref="GeneID:281274"
     exon            1..49
                     /gene="LDHA"
                     /inference="alignment:Splign:2.1.0"
     exon            50..134
                     /gene="LDHA"
                     /inference="alignment:Splign:2.1.0"
     misc_feature    108..110
                     /gene="LDHA"
                     /note="upstream in-frame stop codon"
     exon            135..284
                     /gene="LDHA"
                     /inference="alignment:Splign:2.1.0"
     CDS             159..1157
                     /gene="LDHA"
                     /EC_number="1.1.1.27"
                     /note="LDH-A; LDH-M; LDH muscle subunit"
                     /codon_start=1
                     /product="L-lactate dehydrogenase A chain"
                     /protein_id="NP_776524.1"
                     /db_xref="BGD:BT10370"
                     /db_xref="GeneID:281274"
                     /translation="MATLKDQLIQNLLKEEHVPQNKITIVGVGAVGMACAISILMKDL
                     ADEVALVDVMEDKLKGEMMDLQHGSLFLRTPKIVSGKDYNVTANSRLVIITAGARQQE
                     GESRLNLVQRNVNIFKFIIPNIVKYSPNCKLLVVSNPVDILTYVAWKISGFPKNRVIG
                     SGCNLDSARFRYLMGERLGVHPLSCHGWILGEHGDSSVPVWSGVNVAGVSLKNLHPEL
                     GTDADKEQWKAVHKQVVDSAYEVIKLKGYTSWAIGLSVADLAESIMKNLRRVHPISTM
                     IKGLYGIKEDVFLSVPCILGQNGISDVVKVTLTHEEEACLKKSADTLWGIQKELQF"
```

图 20.9

```
     misc_feature    162..164
                     /gene="LDHA"
                     /experiment="experimental evidence, no additional details
                     recorded"
                     /note="N-acetylalanine. {ECO:0000250|UniProtKB:P00338};
                     propagated from UniProtKB/Swiss-Prot (P19858.2);
                     acetylation site"
     exon            285..402
                     /gene="LDHA"
                     /inference="alignment:Splign:2.1.0"
     exon            403..576
                     /gene="LDHA"
                     /inference="alignment:Splign:2.1.0"
     exon            577..750
                     /gene="LDHA"
                     /inference="alignment:Splign:2.1.0"
     exon            751..868
                     /gene="LDHA"
                     /inference="alignment:Splign:2.1.0"
     exon            869..992
                     /gene="LDHA"
                     /inference="alignment:Splign:2.1.0"
     exon            993..1771
                     /gene="LDHA"
                     /inference="alignment:Splign:2.1.0"
ORIGIN
        1 gtgcatccca gtcccagcca aaggcctgag aagtcggagt gtcagcagtc tggcagctat
       61 taatcggtgc cccaggtgca tggaggaagt ggattcacct ataccttaa aacattcatg
      121 ggcaggtagg acaggttcct ttagggtcta agtccaagat ggcaactctc aaggatcagc
      181 tgattcagaa tcttcttaag gaagaacatg tcccccagaa taagattaca attgttgggg
      241 ttggtgctgt tggcatggcc tgtgccatca gtatcttaat gaaggacttg gcagatgaag
      301 ttgctcttgt tgatgtcatg gaagataaac tgaagggaga gatgatggat ctccaacatg
      361 gcagcctttt ccttagaaca ccaaaaattg tctctggcaa agactataat gtgacagcaa
      421 actccaggct ggttattatc acagctgggg cacgtcagca agagggagag agccgtctga
      481 atttggtcca gcgtaacgtg aacatcttta aattcatcat tcctaatatt gtaaaataca
      541 gcccaaattg caagttgctt gttgtttcca atccagtcga tattttgacc tatgtggctt
      601 ggaagataag tggcttttcc aaaaaccgtg ttattggaag tggttgcaat ctggattcag
      661 ctcgcttccg ttatctcatg ggggagaggc tgggagttca cccattaagc tgccatgggt
      721 ggatccttgg ggagcatggt gactctagtg tgcctgtatg gagtggagtg aatgttgctg
      781 gtgtctccct gaagaattta caccctgaat taggcactga tgcagataag gaacagtgga
      841 aagcggttca caaacaagtg gttgacagtg cttatgaggt gatcaaactg aaaggctaca
      901 catcctgggc cattggactg tcagtggccg atttggcaga aagtatatg aagaatctta
      961 ggcgggtgca tccgatttcc accatgatta agggtctcta tggaataaaa gaggatgtct
     1021 tccttagtgt tccttgcatc ttgggacaga atggaatctc agacgttgtg aaagtgactc
     1081 tgactcatga agaagaggcc tgtttgaaga agagtgcaga tacactttgg gggatccaga
     1141 aagaactgca gttttaaagt cttctaatgt tgtatcattt cactgtctag gctacacagg
     1201 attttagttg gaggttgtaa ttcatattgt cctttatatc tgatctgtga ttaaaacagt
     1261 aatgttaaga cagcctagga aaaaatcaat ttcctaatgt tagaaatagg aatggttcat
     1321 aaaaccctgc tggatggcaa ggaatggttc atgaaaccct gcagctgtac cctgatgctg
     1381 gatggcactt accttgtgtg gtcctaaatt ggtttgtcaa ataattcaac ttcctcaaga
     1441 ggtaccactg cccatgttgc agatgctaca gttgcccttc aaaccagatg tgtatttact
     1501 gtgtaatata acctctggtt cctttagcca aggtgcctag tccaactttt ttccctccaa
     1561 ttgatcactt cctgggatcc aatgtacaaa tccagtattg catgccatgt gctaaactgt
     1621 tctaaagaat cttatgtact gtatgtatca gaatagtgta cattgccttg taatgtaaaa
     1681 agggaaaatt acataaataa tgcaaccaac taagttatac caactaaaac aataaataaa
     1741 gcttgaacag tgactactct gttaattaag aaaaaaaaaa aaaaaa
//
```

图20.9（续）

（4）在序列的 GenBank 格式页面，可以点击"FASTA"，将序列由 GenBank 格式转换为 Fasta 格式。将该序列保存到文本中，即获得了牛 *LDHA* 基因的核苷酸序列数据。（图 20.10）

图 20.10

(5)在序列的 GenBank 格式页面，点击 CDS 部分的"/protein_id='NP_776524.1'"，可以通过该链接，进入其编码的蛋白质序列页面。该蛋白质序列页面仍然是 GenBank 格式的，可以点击"FASTA"，获得其蛋白质序列。（图20.11）

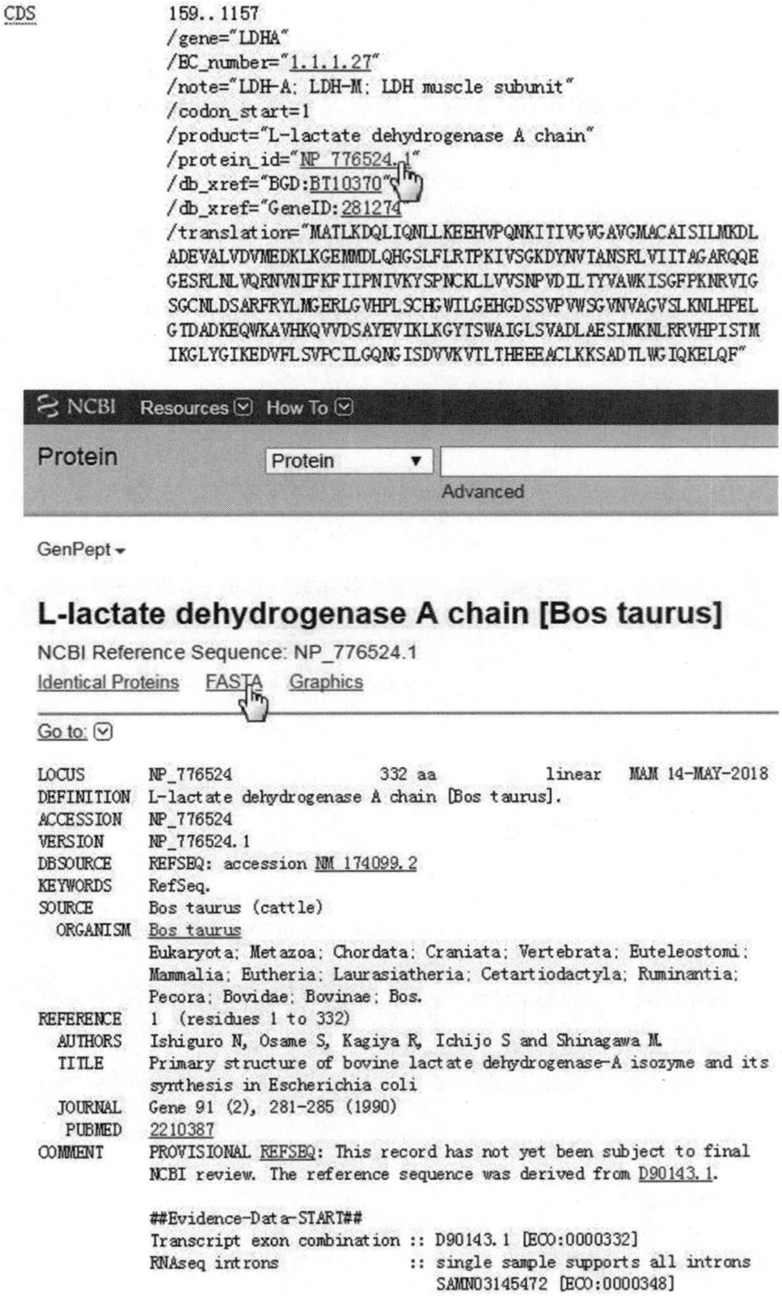

图20.11

图 20.11（续）

4. NCBI 物种分类库检索

（1）在 NCBI 首页搜索栏中，选择"Taxonomy"数据库，填入关键词："*Bos taurus*"，点击"Search"后，进行物种分类库（Taxonomy）的检索。（图 20.12）

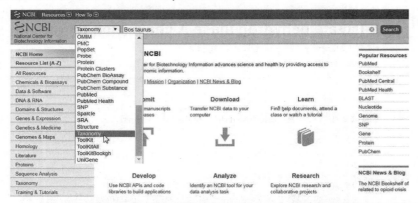

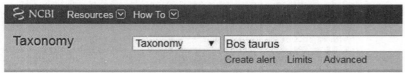

图 20.12

（2）在检索结果页面，可以查看到牛（*Bos taurus*）的分类属于"cellular organisms; Eukaryota; Opisthokonta; Metazoa; Eumetazoa; Bilateria; Deuterostomia; Chordata; Craniata; Vertebrata; Gnathostomata; Teleostomi; Euteleostomi; Sarcopterygii; Dipnotetrapodomorpha; Tetrapoda; Amniota; Mammalia; Theria; Eutheria; Boreoeutheria; Laurasiatheria; Cetartiodactyla; Ruminantia; Pecora; Bovidae; Bovinae; Bos"。此外，在该页面右边，还提供了该物种常用数据库的链接，可以通过该链接获取相应数据信息。（图20.13）

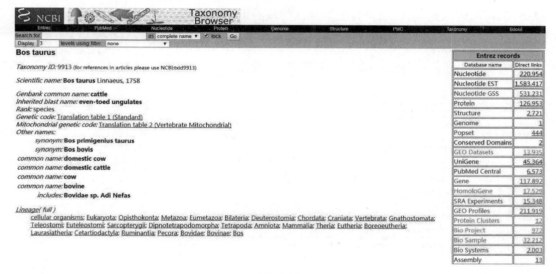

图20.13

5.NCBI基因组库检索

（1）在NCBI首页搜索栏中，选择"Genome"数据库，填入关键词："*Bos taurus*"，点击"Search"后，进行基因组库（Genome）的检索。（图20.14）

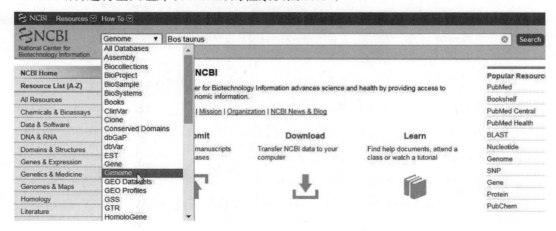

图20.14

(2)在检索结果页面,可以查看到牛的基因组测序报道情况。在页面上半部分,可以下载到全基因组数据(Download sequences in FASTA format),包括基因组(genome)、转录组(transcript)、蛋白质组(protein),也能下载到GFF、GenBank和tabular 3种格式的基因组注释数据(Download genome annotation),还能直接通过BLAST与牛基因组数据进行比对(BLAST against *Bos taurus* genome)。在"Summary"部分,有该基因组的序列组装数据、基因组大小、蛋白质数目、GC含量等信息。在"Publications"部分,有报道该基因组数据的文献链接,可以进入这些文献,查看更为详细的基因组分析结果。(图20.15)

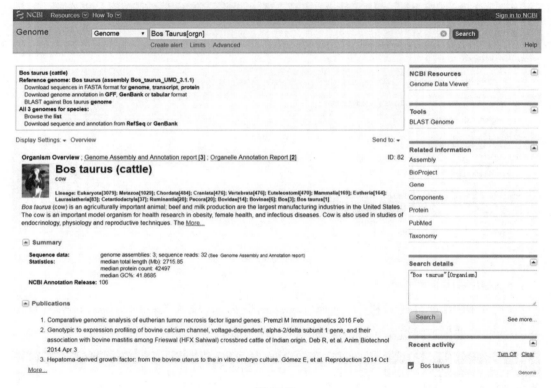

图20.15

(3)在检索结果页面的下半部分,在"Representative"中可以查看到牛各条染色体和线粒体的数据情况,包括序列号(RefSeq),序列大小(Size),GC含量(GC%),蛋白质数目(Protein),rRNA序列数目(rRNA),tRNA序列数目(tRNA),其他RNA序列数目(Other RNA),基因数目(Gene),假基因数目(Pseudogene)。可以点击各序列号链接,进入序列的GenBank格式页面,下载该数据。在"Chromosomes"中展示了牛各条染色体的图像,点击图像,可以进入该条染色体的Genome Data Viewer,查看其具体情况。(图20.16)

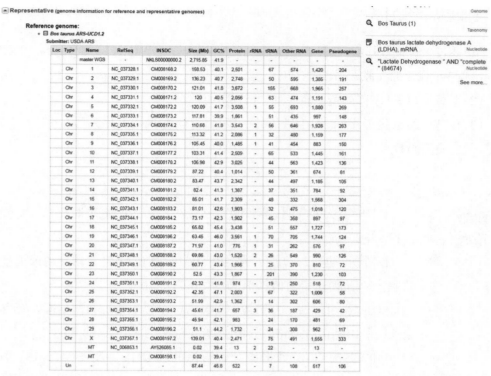

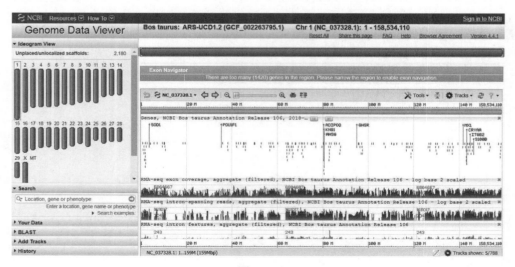

图20.16

【课后思考题】

(1)通过关键词"Lactate Dehydrogenase"和"*Bos taurus*",检索NCBI的PubMed文献库,并列出近3年报道的文献题目5篇。

(2)下载牛*LDHA*基因的蛋白质序列,并计算该序列长度。

(3)在基因组数据库中,查询牛最短的一条染色体,并列出其序列号、序列大小、GC含量、蛋白质编码数目。

实验拓展

[1] 马英克,鲍一明.国家级生物大数据中心展望[J].遗传,2018,40(11):938-943.

[2] 李元,丰磊,吴玲惠,等.基于Perl脚本在NCBI网站自动或批量获取物种信息[J].生物信息学,2018,16(3):170-177.

[3] 张鹏,罗琴,汪婷婷,等.基于NCBI基因表达综合数据库筛查胃癌关键基因和信号通路的分析[J].检验医学,2018,33(3):242-247.

[4] 饶冬梅.NCBI数据库及其资源的获取[J].科技视界,2013(7):53-54.

[5] 张桂荣.生物信息数据库资源及其应用[J].河北科技师范学院学报(社会科学版),2010,9(1):121-124.

加入本书学习交流群
回复"实验20"
获取课程PPT及拓展资料
入群指南见封二

实验 21　序列格式转换

由于生物信息学软件大多是科学工作者根据自己需求编制的，所以不同软件识别的数据格式有所不同。为了保证输入的数据能够满足软件要求，因此需要对数据格式进行调整。通过本次实验，我们将学习软件 SeqVerter，并利用该软件转换序列格式。

【实验目的】

（1）学习使用软件 SeqVerter 转换序列格式。
（2）熟悉常见的序列格式及用途。

【实验原理】

所谓序列格式，是指序列数据保存在文件中的编排形式。大多数情况下，生物信息学处理的序列都是以文本形式存在的。因此，利用适宜处理文本数据的 Perl 语言，通过自编程序将序列格式调整为符合不同软件的需求，是最常见的做法。但这需要研究者具有一定的计算机编程能力。对于一些常见的序列格式，如 Clustal、FASTA、GenBank、MSF、Nexus/PAUP、PHYLIP Interleaved、TreeCon、FASTA（Sequin）、DNASIS、DNAStar、IBI/Pustell 等，可以利用序列格式软件 SeqVerter 进行转换。

SeqVerter 是 GeneStudio 公司开发的一款免费的序列格式转换软件。它具有同时打开多条序列、查看多条序列、批量转换多条序列的格式、选择一条序列的部分内容进行格式转换、将多个文件的序列合并为一个多序列文件、将一个多序列文件分割成单序列的多个文件、识别测序序列中的末端序列、设置符合 GenBank 数据库提交序列的格式、编辑 PHYLIP 序列格式、设置序列格式输出模式等功能。

【课前思考题】

(1)序列的FASTA格式是怎么样的？具有什么特征？

(2)作为多重序列比对格式的Clustal、MSF、Nexus/PAUP、PHYLIP，分别用于哪些生物信息学软件？

【实验仪器及软件】

计算机，序列格式转换软件SeqVerter。

【实验步骤】

(1)打开软件SeqVerter。(图21.1)

图21.1

(2)点击"Import Sequences"，打开要转换的序列文件。(图21.2)

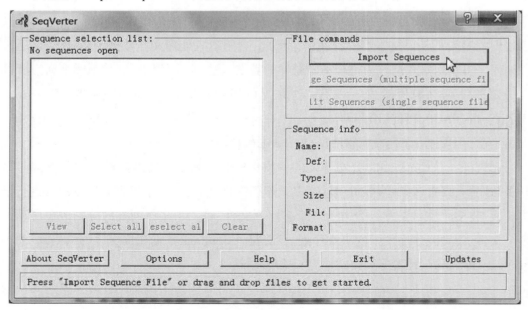

图21.2

（3）文件打开后，可以在"Sequence info"区查看该文件内序列的信息。例如，示例文件包括12条序列，序列类型为氨基酸，序列长度为226个氨基酸残基，序列格式为Clustal的aln格式。（图21.3）

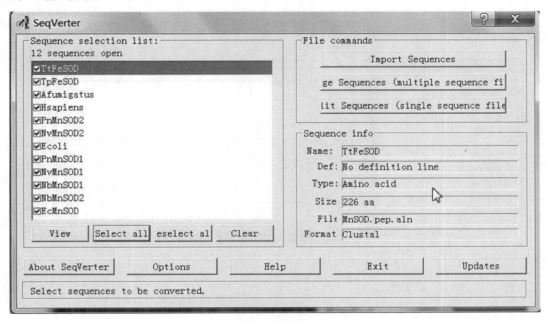

图21.3

（4）选中序列后，可以点击"View"查看该序列的具体数据。（图21.4）

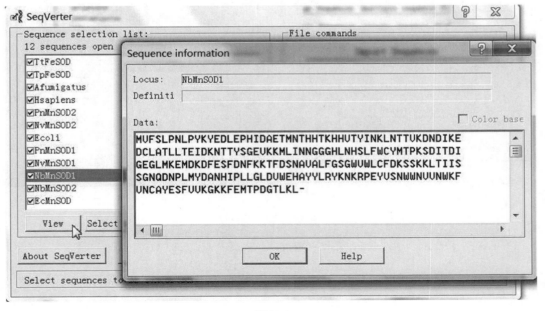

图21.4

（5）点击"Options"进行软件设置。在弹出的"SeqVerter options"窗口中，有 Folders、Formats、Dialogs、Trace files、Alignments 5 个选项。

其中，Folders 选项中，可以设置文件的输入和输出路径。（图21.5）

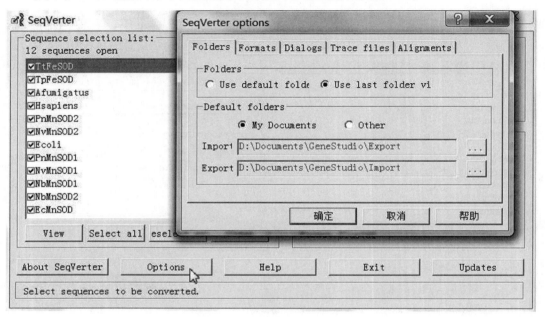

图21.5

在 Formats 选项中，可以将常用序列格式排在前面，方便格式选取。（图21.6）

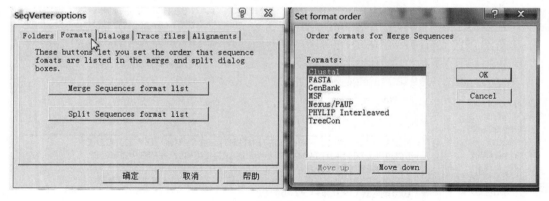

图21.6

在 Dialogs 选项中,可以选择是否弹出相应的对话框。(图 21.7)

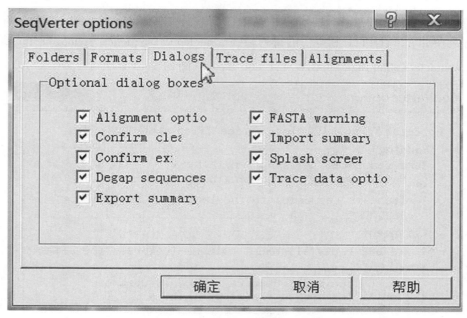

图 21.7

在 Trace files 选项中,可以根据自己需求对序列进行 5′和 3′端的剪切。(图 21.8)

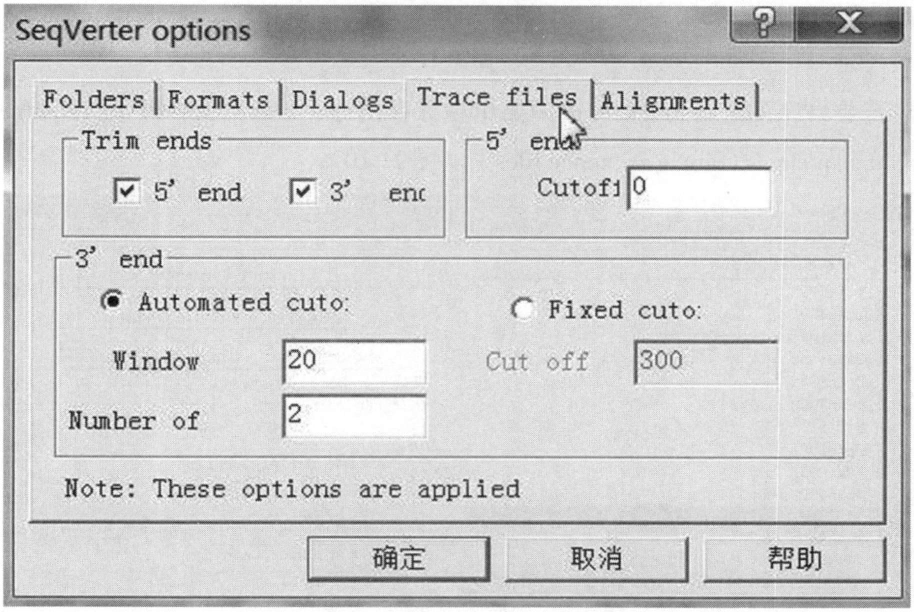

图 21.8

在 Alignments 选项中,可以在"Padding"中设置序列数据以最长(longest)或最短

(shortest)序列进行排列,也可以"Alignment"中在设置去除含空白的空排列栏(Remove empty alignment columns)、去除含空白的所有排列栏(Remove columns with gaps)、去除核苷酸序列中非 A,C,G,T,U 和空白的排列栏(For nucleotide sequences, remove columns containing characters other than: A,C,G,T,U and gaps)。(图21.9)

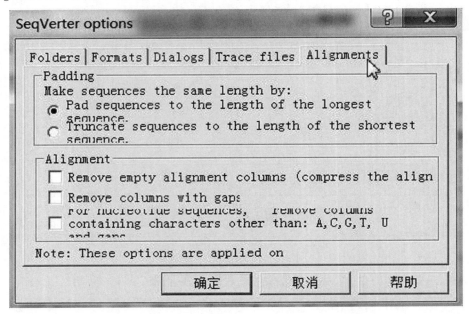

图21.9

(6)若要将序列进行分割,可选中要单独保存的序列,如 NbMnSOD1 和 NbMnSOD2。点击"Split sequences(Single sequence files)"。(图21.10)

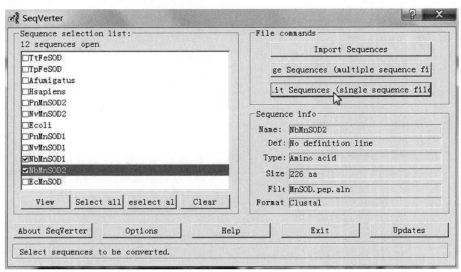

图21.10

在弹出的"Export single sequence files"窗口中,选择要输出的序列格式[候选格式有6种 FASTA、FASTA(Sequin)、DNASIS、DNAStar、GenBank、IBI/Pustell],如"FASTA"。(图21.11)

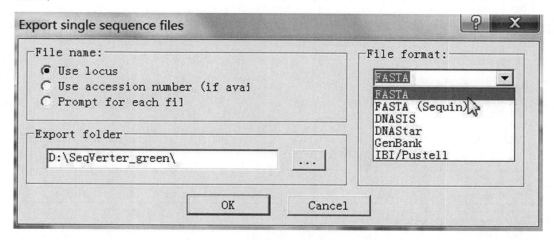

图21.11

点击"OK",即可将 NbMnSOD1 和 NbMnSOD2 这两个序列单独保存下来。(图21.12)

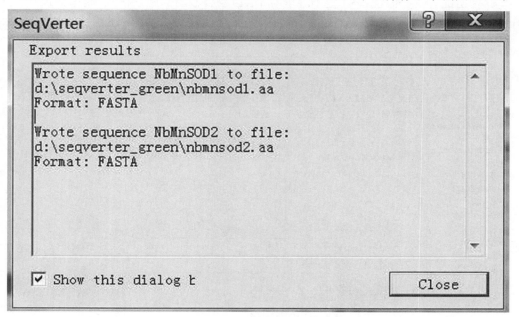

图21.12

(7)若要将序列进行合并,可选中需要合并保存的序列。如果要全选,可点击"Select all"。选好后,点击"Merge Sequences(multiple sequence files)"。(图21.13)

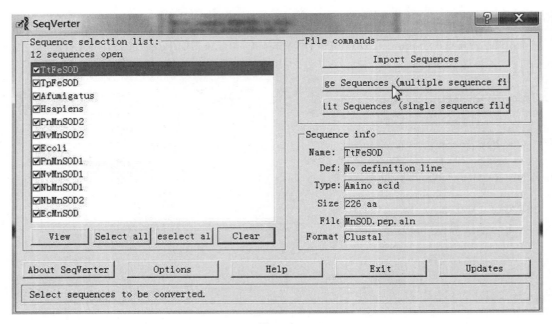

图 21.13

在弹出的"另存为"窗口中,选择输出位置,以及要输出的序列格式(候选格式有7种:Clustal、FASTA、GenBank、MSF、Nexus/PAUP、PHYLIP Interleaved、TreeCon),如"PHYLIP Interleaved"。(图21.14)

图 21.14

点击"保存",在弹出的"Alignment processing"窗口中,根据需要,进行"Padding"和"Alignment"的选项设置,然后点击"OK"。(图21.15)

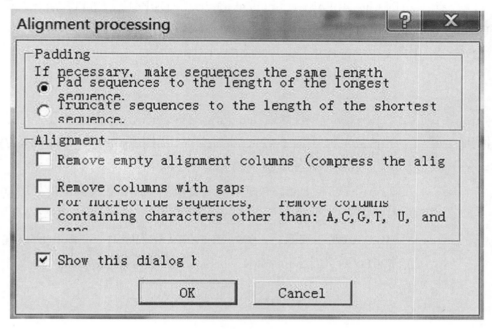

图21.15

完成以上操作即可将序列格式转换为PHYLIP Interleaved,并保存下来。(图21.16)

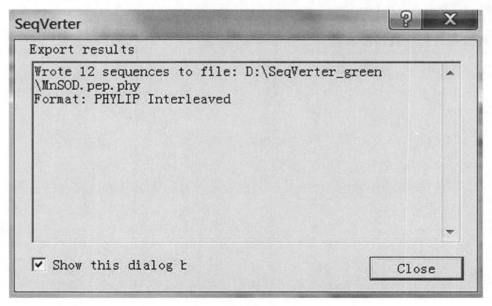

图21.16

【课后思考题】

（1）查看序列的 Clustal、FASTA、GenBank、MSF、Nexus/PAUP、PHYLIP Interleaved、TreeCon、FASTA（Sequin）、DNASIS、DNAStar、IBI/Pustell 格式，并比较它们之间的差异。

（2）将多个序列文件进行合并后再转换成 FASTA 格式。

实验拓展

[1] SeqVerter 软件网站：http://www.genestudio.com/seqverter

[2] Sun Y B. FasParser:a package for manipulating sequence data[J]. Zoological Research, 2017, 38(2):110-112.

[3] 吴文涛. 深度测序数据表现和交换的全能格式及其编辑工具[D]. 苏州：苏州大学, 2014.

[4] 初砚硕，王清丽，王墨洋，等. FASTA 格式序列特征提取方法[EB/OL]. [2011-11-07]. http://www.paper.edu.cn/releasepaper/content/201111-110.

实验22 DNA序列分析

对于生物信息学而言,遗传物质DNA就是由A、T、C、G 4个字母组成的一段字母序列。但是该段序列不是杂乱无序的,而是有规则有生物学意义的。生物信息学的本质就是通过这些字母数据,揭示生命科学问题。本次实验我们学习软件BioEdit,并利用该软件对DNA序列进行入门级的分析。

【实验目的】

(1)学习使用软件BioEdit分析DNA序列。
(2)掌握核苷酸组成、DNA序列翻译、ORF查找、内切酶设计等原理。

【实验原理】

针对最基本的DNA序列数据,目前有众多的生物信息学软件提供了各种各样的分析方法。序列分析软件BioEdit就是其中一款。

BioEdit是美国北卡罗来纳州立大学微生物系的Tom Hall在1997–2001年攻读博士期间,利用Borland's C++ Builder编写的一款免费的生物序列分析软件。BioEdit的功能十分强大,包括:①DNA和蛋白质序列的编辑、处理和分析,②DNA序列的翻译,③ORF的查找,④RNA序列分析,⑤特征序列的查找,⑥质粒图谱的绘制,⑦酶切设计及图谱绘制等等。BioEdit可同时进行50个序列文件的批量处理,每个文件可容纳20 000条序列,并外挂了众多生物信息分析软件和数据库,如:Blast、CAP、DNADist、FastDNAmL、Fitch、Kitsch、NEIGHBOR、Protdist、mFold、CODEHOP、Primer3、ExPASy、Prosite、NetPrimer、Genie、PubMed、NCBI、TIGR、NCSU、ReBase、GeneDoc、PHYLIP等。

【课前思考题】

(1)什么是DNA的六框翻译？为何有六框？

(2)CDS(coding sequence)和ORF(open reading frame)的概念是什么？二者有何区别？

【实验仪器及软件】

计算机,序列分析软件BioEdit。

【实验步骤】

(1)打开软件BioEdit。(图22.1)

图22.1

(2)点击"打开…(O)",打开要分析的DNA序列文件。也可以复制DNA序列,通过"从剪贴板新建(C)"打开序列。(图22.2)

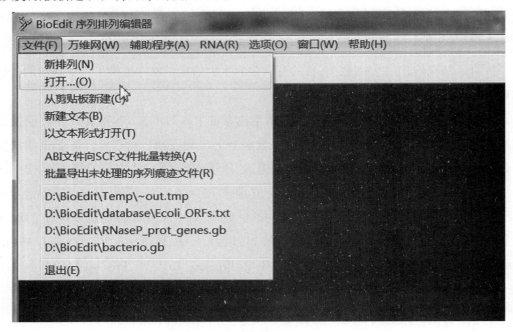

图22.2

(3)文件打开后,选中需要分析的序列。(图22.3)

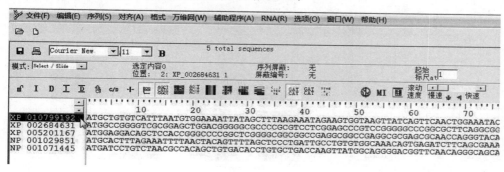

图22.3

(4)点击菜单栏"序列(S)"下拉菜单中"核酸(N)"中的"核苷酸组成(N)",可以查看该序列的核苷酸组成情况,知道A、C、G、T的个数和比例。(图22.4)

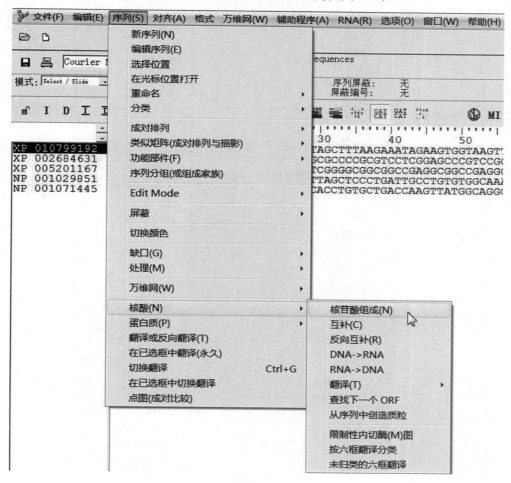

图22.4

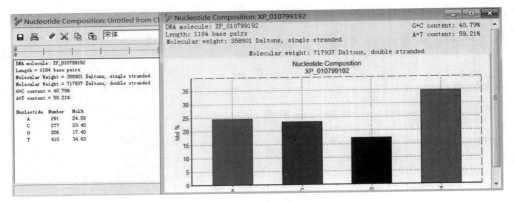

图 22.4

(5)点击菜单栏"序列(S)"下拉菜单中"核酸(N)"中的"互补(C)"或"反向互补(R)",可以获得该序列的互补或反向互补序列。(图 22.5)

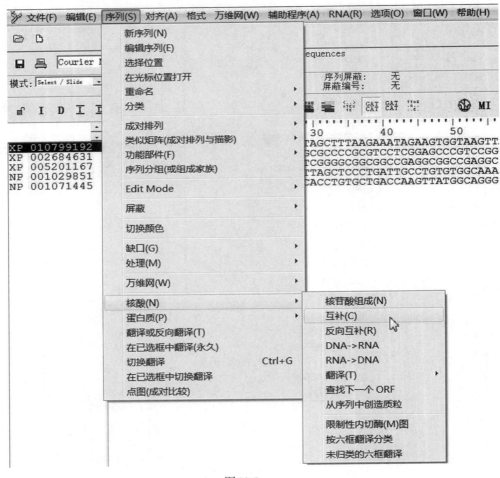

图 22.5

（6）点击菜单栏"序列（S）"下拉菜单中"核酸（N）"中的"DNA->RNA"或"RNA->DNA"，可以将序列进行DNA和RNA间的互换。（图22.6）

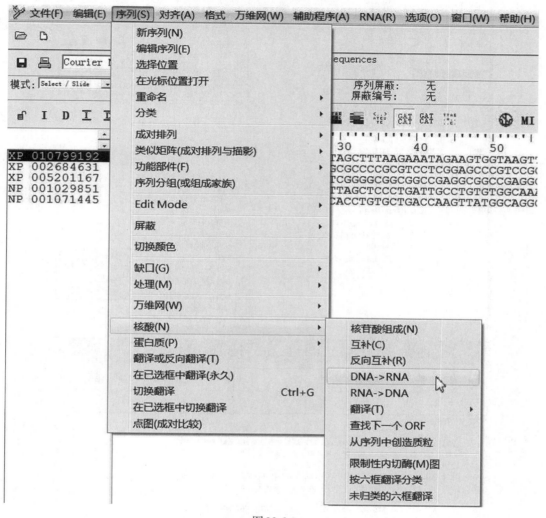

图22.6

（7）点击菜单栏"序列（S）"下拉菜单中"核酸（N）"中的"翻译（T）"中的选项"Frame 1"、"Frame 2"、"Frame 3"或"选定内容"，可以将序列按第一框、第二框、第三框翻译成蛋白质，或者将选定的部分序列翻译成蛋白质。点击 ■ 按钮，即可保存翻译好的蛋白质序列。（图22.7）

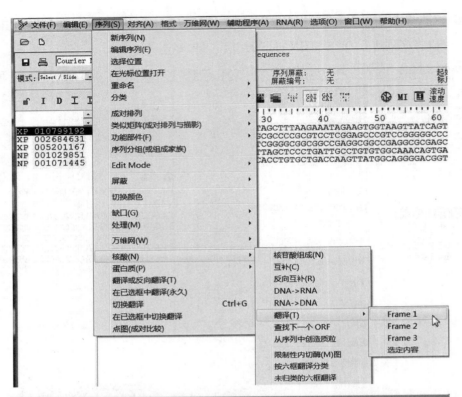
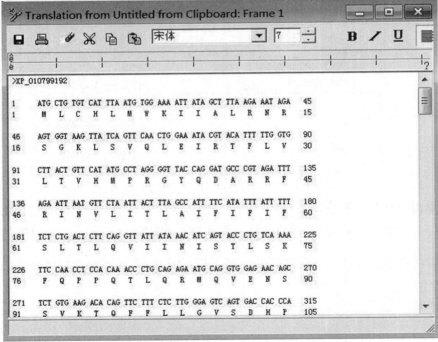

图22.7

(8)点击菜单栏"序列(S)"下拉菜单中"核酸(N)"中的"查找下一个ORF",可以预测该序列中存在的ORF,使用"Ctrl+C"即可复制该段ORF序列到文本中。(图22.8)

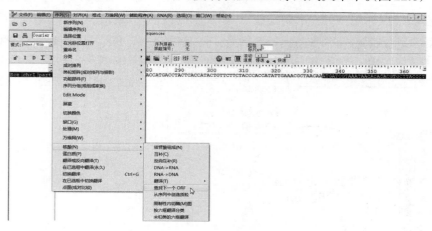

图22.8

(9)点击菜单栏"序列(S)"下拉菜单中"核酸(N)"中的"从序列中创造质粒",可以绘制该序列的质粒图谱。(图22.9)

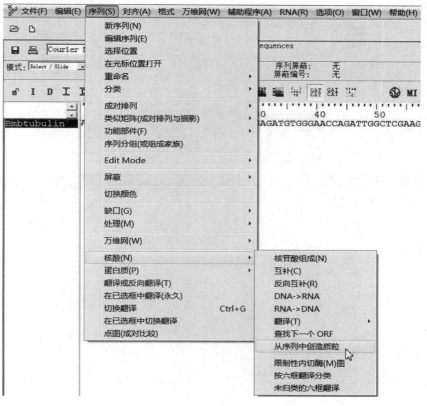

图22.9

在弹出的质粒图谱绘制窗口中，可以使用工具窗口进行图谱绘制。也可以点击菜单栏"载体"中的"属性"修改图谱属性，点击"增加功能部件(A)"添加需要的部件，点击"位置标记"修改位点标记，点击"限制性位点"添加限制性内切酶标记。（图22.10）

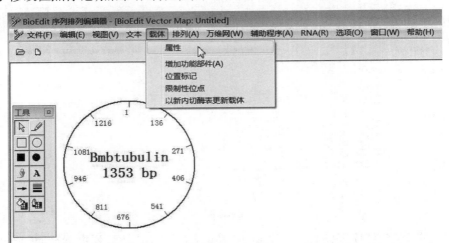

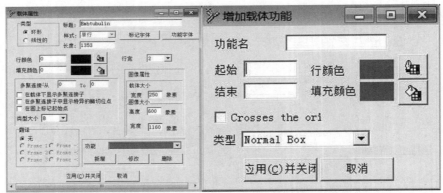

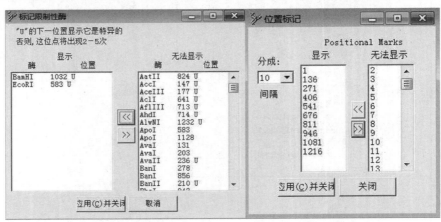

图22.10

（10）点击菜单栏"序列(S)"下拉菜单中"核酸(N)"中的"限制性内切酶(M)图"，可以分析该序列中存在的限制性内切酶位点。（图22.11）

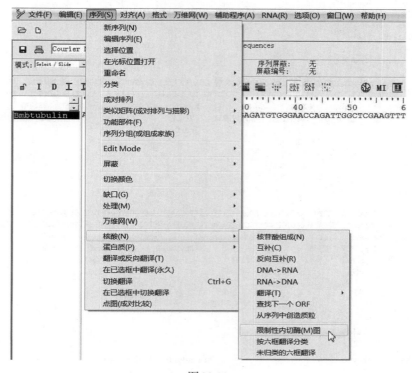

图22.11

在弹出的限制性内切酶分析窗口中，可以根据需要勾选相应选项。点击"生成图谱"按钮，即可获知切割该序列的限制性内切酶及其切割位点、切割频率等信息。（图22.12）

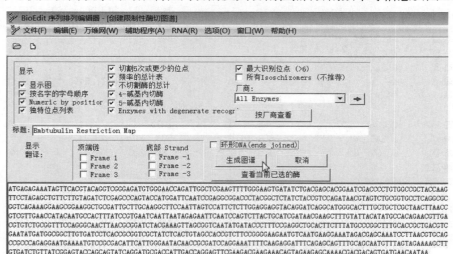

图22.12

```
BioEdit version 5.0.9 Restriction Mapping Utility
(c)1998, Tom Hall

Bmbtubulin Restriction Map
2018/1/11 10:59:42
1353 base pairs
Translations: none

Restriction Enzyme Map:

1       ATGAGAGAAATAGTTCACGTACAGGTCGGGAGATGTGGGAACCAGATTGGCTCGAAGTTTTGGGAAGTGATATCTGACGA    80
1       TACTCTCTTTATCAAGTGCATGTCCAGCCCTCTACACCCTTGGTCTAACCGAGCTTCAAAACCCTTCACTATAGACTGCT    80
              PpiI      MaeII     CjePI       NgoGV      CviJI         CjePI      EcoRV
                 XmnI      BsaAI      Hpy178III   NlaIV      TaqI         CjePI      Hpy188IX
                    RsaI                        DrdII
                    RleAI
                    Sth132I
                    CjePI

81      GCACGGAATCGACCCCTGTGGCCGCTACCAAGGAGACTCTGATTTGCAACTCGAGCGGATCAATGTCTACTACAACGAAG   160
81      CGTGCCTTAGCTGGGGACACCGGCGATGGTTCCTCTGAGACTAAACGTTGAGCTCGCCTAGTTACAGATGATGTTGCTTC   160
          BsiHKAI    SimI      EaeI      BsaJI     HinfI      CviRI     CjePI      AlwI
          Bsp1286I   CjePI     CviJI     StyI      Hpy188IX   AvaI      AciI       AccI
          HinfI                HaeIII    PleI                 SmlI      Sau3AI
          TfiI                 GdiII     BsmAI                XhoI      DpnI
             TaqI              Fnu4HI                         TaqI
                               TauI                           MwoI
                               AciI                           BsrBI

Restriction table:

Enzyme     Recognition              frequency   Positions

AatII      G_ACGT'C                 1           824
AccI       GT'mk_AC                 1           147
AceIII     CAGCTCnnnnnnnn'nnnn_     1           177
AciI       C'CG_C                   17          103, 137, 235, 277, 372, 722
                                                744, 762, 815, 844, 903, 919
                                                922, 1056, 1070, 1092, 1116

AclI       AA'CG_TT                 1           641
AflIII     A'CryG_T                 1           713
AhdI       GACnn_n'nnGTC            1           714
AluI       AG'CT                    6           170, 188, 617, 649, 1178, 1232
AlwI       GGATCnnnn'n_             8           146, 439, 678, 753, 905, 1027
                                                1040, 1114

AlwNI      CAG_nnn'CTG              1           1232
ApoI       r'AATT_y                 2           583, 1128
AvaI       C'yCGr_G                 2           131, 203
AvaII      G'GwC_C                  1           236
BamHI      G'GATC_C                 1           1032
BanI       G'GyrC_C                 2           278, 856
BanII      G_rGCy'C                 1           210
BbsI       GAAGACnn'nnnn_           2           943, 1311
BbvI       GCAGCnnnnnnnn'nnnn_      4           368, 441, 777, 1169
```

图 22.12(续)

(11)点击菜单栏"序列(S)"下拉菜单中"核酸(N)"中的"按六框翻译分类"或"未归类的六框翻译",可以预测序列中存在的ORF,并列出它们的六框翻译结果(Frame 1、Frame 2、Frame 3、Frame -1、Frame -2、Frame -3)。(图22.13)

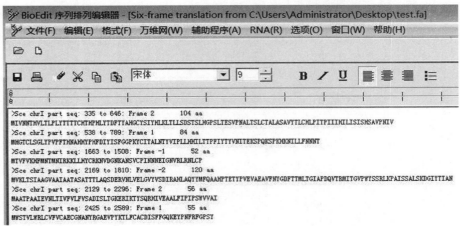

图22.13

【课后思考题】

(1)预测目的序列中的ORF,分析其核苷酸组成,并将其翻译成蛋白质序列。

(2)分析目的序列的限制性内切酶位点,根据酶切实验使用的内切酶绘制图谱。

实验拓展

[1]BioEdit软件网站:http://www.mbio.ncsu.edu/BioEdit/bioedit.htm

[2]BioEdit软件使用说明。

[3]李宇航.立足WWW与UNIX的核酸序列探析实用软件的开发[J].电脑知识与技术,2014,10(9):1902-1903.

[4]秦艳译,金爱华校,罗静如制图表.核苷酸和核酸[J].国外畜牧学—猪与禽,2014,34(7):1-3.

[5]黄骥,张红生.基于Windows的核酸序列分析软件的开发[J].生物信息学,2004,2(1):13-17.

序列同源检索

现代生物学的基础是达尔文提出的进化论,即各物种间具有亲缘关系。而物种间的亲缘关系,在分子生物学层面,则体现在基因间的同源性(homology)上。本次实验我们学习软件BLAST,并利用该软件检索数据库中的同源序列。

【实验目的】

(1)学习使用网络软件BLAST检索同源序列。
(2)了解同源序列的概念及用途。

【实验原理】

所谓基因同源性,是指2个核酸分子的核苷酸序列之间或者2个蛋白质分子的氨基酸序列之间的相似程度。因此,如果2个序列之间的同源性越高,则相对应的2个基因的亲缘关系就越近。这是比较生物学的一个基本概念。

用于比较序列间同源性的软件非常多,而BLAST(Basic Local Alignment Search Tool)是其中使用最广泛的一款。BLAST是基于Altschul等人1990年的研究,采用一种比其他方法快得多的启发式算法,计算序列之间的同源性。由于BLAST算法在计算速度上的优势,使得其在大型基因组数据库中检索同源性序列成了可能。因此,只要计算机硬件允许,BLAST可以处理任何数量的核酸序列和蛋白质序列,也可以针对多个同类型的数据库进行批量检索。当前,BLAST主要包括4种工具:①blastn,用于核酸序列在核酸数据库中的检索;②blastp,用于蛋白质序列在蛋白质数据库中的检索;③blastx,用于核酸序列在蛋白质数据库中的检索,它先将核酸序列通过六框翻译成6种蛋白质序列,再将每一种蛋白质序列在蛋白质数据库中进行检索;④tblastn,用于蛋白质序列在核酸数据库中的检索,它与blastx相反,是将数据库中的核酸序列六框翻译成6种蛋白质序列,再与目的蛋白质进行比对。

BLAST既可以下载到本地,通过本地服务器进行序列同源性比对,也能通过NCBI网站,在线进行序列检索。由于本地操作需要一定的Linux知识,所以本实验采用NCBI网站的在线BLAST,学习序列的同源性检索。

【课前思考题】

(1)基因同源性的概念是什么？直系同源基因和旁系同源基因的区别有哪些？
(2)除BLAST外,还有哪些序列同源性检索算法？各有何优劣？

【实验仪器及软件】

连接互联网的计算机,NCBI数据库,BLAST软件。

【实验步骤】

(1)打开序列文件,选取序列。(图23.1)

图23.1

(2)打开浏览器,输入网址 https://www.ncbi.nlm.nih.gov/,进入NCBI网站。点击页面右边的"BLAST",进入BLAST检索页面。(图23.2)

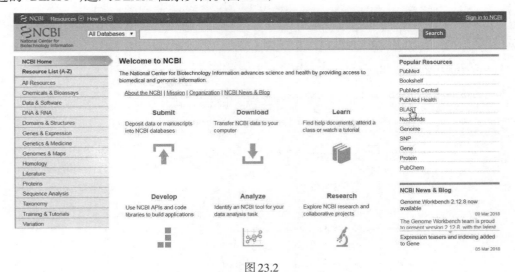

图23.2

(3)在BLAST检索页面,Nucleotide BLAST(blastn)为使用核苷酸序列检索核苷酸序列;Protein BLAST(blastp)为使用蛋白质序列检索蛋白质序列;blastx为使用核苷酸序列,经过六框翻译,检索蛋白质序列;tblastn为使用蛋白质序列,检索数据库中经过六框翻译的核苷酸序列。(图23.3)

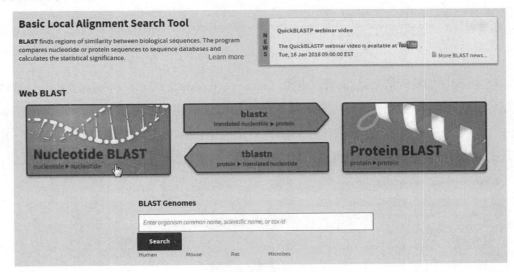

图23.3

本实验,我们以blastn为例,检索牛*LDHA*同源基因的核苷酸序列。而blastp、blastx、tblastn的程序流程与blastn基本一致,在此不再赘述。

(4)在 blastn 检索页面,进行相应的参数设置。在"Enter Query Sequence"窗口粘贴上复制好的序列。在"Database"中选择"Others（nr etc.）",表示在包含所有核苷酸序列的 nt 数据库中进行检索。在"Program Selection"中选择"Somewhat similar sequences（blastn）"。设置好参数后,点击"BLAST",进行检索。(图 23.4)

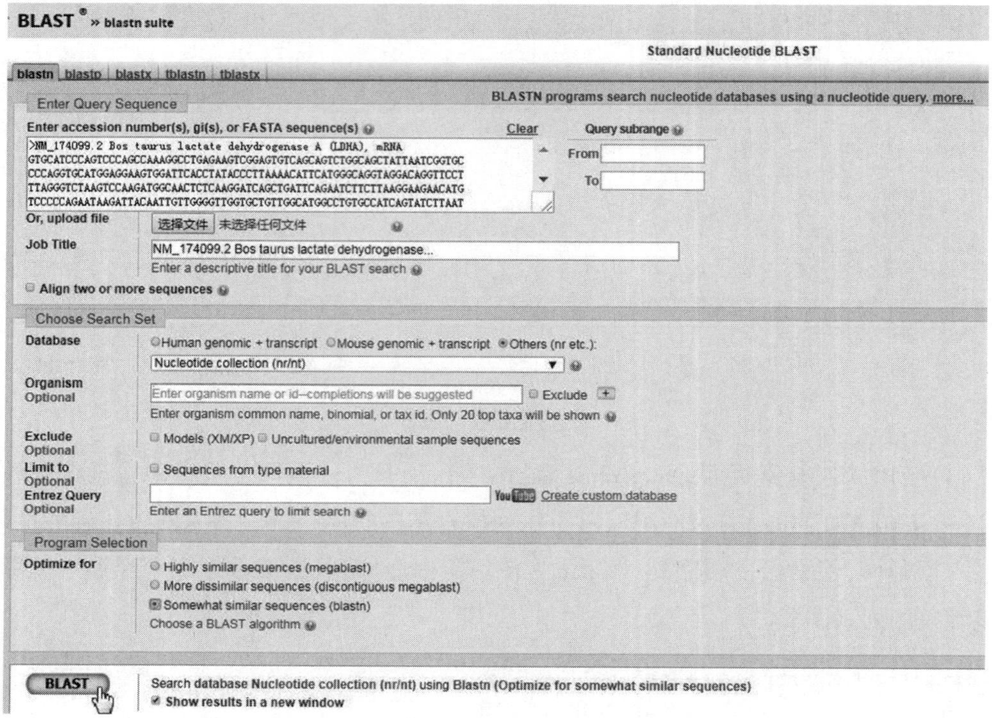

图 23.4

(5)在弹出的检索结果页面,可以点击[Taxonomy reports][Distance tree of results][MSA viewer],查看物种谱系、距离树、多重序列排列的结果。也可以在摘要图"Graphic Summary"中,点击各个条纹,查看该条序列的比对结果。可以在描述结果"Descriptions"中,查看比对结果的信息。可以在比对结果"Alignments"中,查看具体的序列比对结果。(图 23.5)

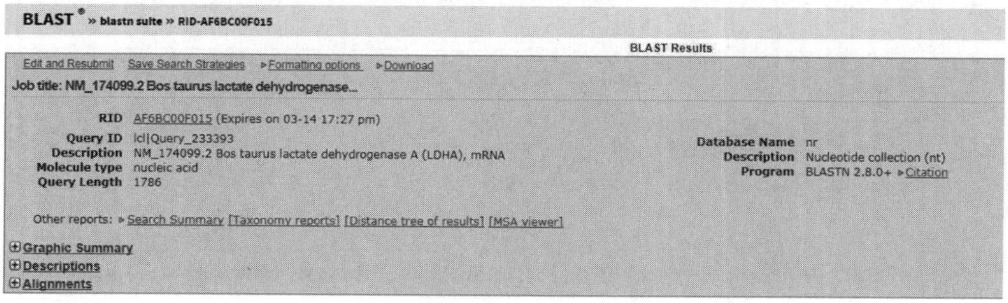

图 23.5

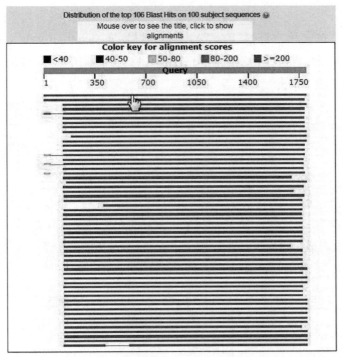
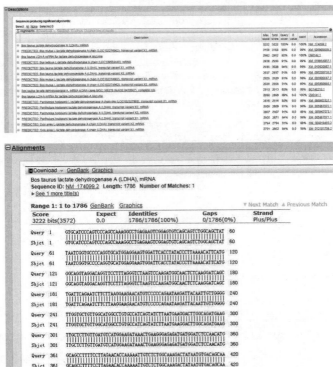

图23.5(续)

（6）在描述结果"Descriptions"中，点击"All"，选取所有的比对序列。再点击"Download"，在弹出的下拉菜单中选择"FASTA（complete sequence）"。点击"Continue"后，在弹出的"另存为"窗口中，将这些检索到的同源序列进行下载保存。（图23.6）

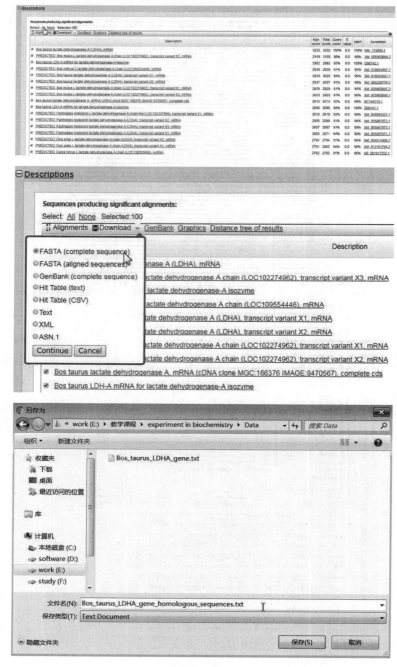

图23.6

（7）打开下载的文件，即可查阅检索到的序列数据。（图23.7）

```
1  >NM_174099.2 Bos taurus lactate dehydrogenase A (LDHA), mRNA
2  GTGCATCCCAGTCCCAGCCAAAGGCCTGAGAAGTCGGAGTGTCAGCAGTCTGGCAGCTATTAATCGGTGCCCCAGGTGCA
3  TGGAGGAAGTGGATTCACCTATACCCTTAAAACATTCATGGGCAGGTAGGACAGGTTCCTTTAGGGTCTAAGTCCAAGAT
4  GGCAACTCTCAAGGATCAGCTGATTCAGAATCTTCTTAAGGAAGAACATGTCCCCCAGAATAAGATTACAATTGTTGGGG
5  TTGGTGCTGTTGGCATGGCCTGTGCCATCAGTATCTTAATGAAGGACTTGGCAGATGAAGTTGCTCTTGTTGATGTCATG
6  GAAGATAAACTGAAGGGAGAGATGATGGATCTCCAACATGGCAGCCTTTTCCTTAGAACACCAAAAATTGTCTCTGGCAA
7  AGACTATAATGTGACAGCAAACTCCAGGCTGGTTATTATCACAGCTGGGGCACGTCAGCAAGAGGGAGAGAGCCGTCTGA
8  ATTTGGTCCAGCGTAACGTGAACATCTTTAAATTCATCATTCCTAATATTGTAAAATACAGCCCAAATTGCAAGTTGCTT
9  GTTGTTTCCAATCCAGTCGATATTTTGACCTATGTGGCTTGGAAGATAAGTGGCTTTCCCAAAAACCGTGTTATTGGAAG
10 TGGTTGCAATCTGGATTCAGCTCGCTTCCGTTATCTCATGGGGAGAGGCTGGGAGTTCACCCATTAAGCTGCCATGGGT
11 GGATCCTTGGGAGCATGGTGACTCTAGTGTGCCTGTATGGATGGAGTGAAGTTGCTGGTGTCTCCCTGAAGAATTTA
12 CACCCTGAATTAGGCACTGATGCAGATAAGGAACAGTGGAAAGCGGTTCACAAACAAGTGGTTGACAGTGCTTATGAGGT
13 GATCAAACTGAAAGGCTACACATCCTGGGCCATTGGACTGTCAGTGGCCGATTTGGCAGAAAGTATAATGAAGAATCTTA
14 GGCGGGTGCATCCGATTTCCACCATGATTAAGGGTCTCTATGGAATAAAAGAGGATGTCTTCCTTAGTGTTCCTTGCATC
15 TTGGGACAGAATGGAATCTCAGACGTTGTGAAAGTGACTCTGACTCATGAAGAAGAGGCCTGTTTGAAGAAGAGTGCAGA
16 TACACTTTGGGGGATCCAGAAAGAACTGCAGTTTTAAAGTCTTCTAATGTTGTATCATTTCACTGTCTAGGCTACACAGG
17 ATTTTAGTTGGAGGTTGTAATTCATATTGTCCTTTATATCTGATCTGTGATTAAAACAGTAATGTTAAGACAGCCTAGGA
18 AAAAATCAATTTCCTAATGTTAGAAATAGGAATGGTTCATAAAACCCTGCTGGATGGCAAGGAATGGTTCATGAAACCTT
19 GCAGCTGTACCCTGATGCTGGATGGCACTTACCTTGTGTGGCCTAAATTGGTTTGTCAAATAATTCAACTTCCTCAAGA
20 GGTACCACTGCCCATGTTGCAGATGCTACAGTTGCCCTTCAAACCAGATGTGTATTTACTGTGTAATATAACCTCTGGTT
21 CCTTTAGCCAAGGTGCCTAGTCCAACTTTTTCCCTCCAGTTGATCACTTCCTGGGATCCAATGTACAAATCCAGTATTG
22 CATGCCATGTGCTAAACTGTTCTAAAGAATCTTATGTACTGTATGTATCAGAATAGTGTACATTGCCTTGTAATGTAAAA
23 AGGGAAAATTACATAAATAATGCAACCAACTAAGTTATACCAACTAAAACAATAAATAAAGCTTGAACAGTGACTACTCT
24 GTTAATTAAGAAAAAAAAAAAAAAA
25 >XM_005900689.2 PREDICTED: Bos mutus L-lactate dehydrogenase A chain (LOC102274962)
26 CTCACACGATTATGGAGGCTGAGAAGTCCCACGATCTGCTGTCTGCAAGCTGGAGATCCAGGAAAGCAGGTGGTGTGCAT
27 CCCAGTCCCAGCCAAAGGCCTGAGAAGTCGGACTGTCAGCAGTCTGGCGGCTATTAATCGGTGCCCCAGGTGCATGGAGG
28 AAGTGGATTCACCTATACCCTTAAAACATTCATGGGCAGGTAGGACAGGTTCCTTTAGGGTCTAAGTCCAAGATGGCAAC
29 TCTCAAGGATCAGCTGATTCAGAATCTTCTTAAGGAAGAACATGTCCCCCAGAATAAGATTACAATTGTTGGGGTTGGTG
30 CTGTTGGCATGGCCTGTGCCATCAGTATTTAATGAAGGACTTGGCAGATGAAGTTGCTCTTGTTGATGTCATGGAAGAT
31 ATACTGAAGGGAGAGATGATGGATCTCCAACATGGCAGCCTTTTCCTTAGAACACCAAAAATTGTCTCTGGCAAAGACTA
32 TAATGTGACAGCAAACTCCAGGCTGGTTATTATCACAGCTGGGGCACGTCAGCAAGAGGGAGAGAGCCGTCTGAATTTGG
33 TCCAGCGTAACGTGAACATCTTTAAATTCATCATTCCTAATATTGTAAAATACAGCCCAAATTGCAAGTTGCTTGTTGTT
34 TCCAATCCAGTCGATATTTTGACCTATGTGGCTTGGAAGATAAGTGGCTTTCCCAAAAACCGTGTTATTGGAAGTGGTTG
```

图23.7

【课后思考题】

（1）利用牛 *LDHA* 基因的核苷酸和氨基酸序列，通过 blastn 和 blastx，检索 nt 和 nr 数据库。

（2）利用检索结果中的 E-value 和 Identity 值，筛选结果，获得同源性更高的序列。

实验拓展

[1] BLAST软件使用说明。

[2] Jin X, Jiang Q, Chen Y, et al. Similarity/dissimilarity calculation methods of DNA sequences: A survey[J]. Journal of Molecular Graphics and Modelling, 2017, 76: 342-355.

[3] 焦雅, 高静, 张文广. 两序列比对算法与软件研究进展[J]. 计算机应用与软件, 2015, 32(6): 5-8.

[4] 冉昆, 王少敏. Windows 7平台下BLAST本地化构建[J]. 落叶果树, 2015, 47(3): 39-42.

[5] 宋凌云. 序列相似性检索工具BLAST的使用和检索[J]. 情报探索, 2008(4): 74-75.

[6] 范彦辉, 陶士珩. 用Perl实现在Windows下本地化运行BLAST[J]. 生物信息学, 2008(4): 178-179.

[7] 吕军, 张颖, 冯立芹, 等. 生物信息学工具BLAST的使用简介[J]. 内蒙古大学学报(自然科学版), 2003, 34(2): 179-187.

实验24 多重序列比对

序列同源性检索软件BLAST主要是用于序列两两间的比较,而更多的时候,我们需要对构成基因家族的成组的多条序列进行同源性比对,以揭示整个基因家族甚至物种的分子进化特征。本次实验我们学习软件ClustalX,并利用该软件进行多重序列的同源性比对。

【实验目的】

(1)学习使用软件ClustalX,进行序列的多重比对。
(2)了解序列多重比对的原理及用途。

【实验原理】

多重序列比对是针对两条及两条以上的序列进行同源性比较的方法。它通过一定的算法,将参与比对序列的字符(如:A、T、C、G)对齐,并逐列比较序列间字符的异同,通过改变排序、补空、移位等方法,使得尽可能多的列具有相同的字符,获得最佳的多重序列比对结果,以展示各序列间的同源性关系。

用于多重序列比对的软件有很多,而Clustal是其中使用最广泛的一款。Clustal采用一种渐进的序列比对方法提高运算速度。在比对过程中,它先将序列进行两两比对,构建距离矩阵,再根据距离矩阵生成的引导树,对相似性高的序列进行加权。然后从最相似的两条序列开始比对,逐一加入相似程度次之的序列,并不断重新构建序列比对,直到所有序列都被加入为止,最终获得最佳的多重序列比对结果。

Clustal主要包括两个版本:图形界面的ClustalX在Windows平台运行;命令界面的ClustalW在Linux和Dos平台上运行。本实验我们学习ClustalX,如果需要批量处理多个文件,则使用ClustalW更方便。

【课前思考题】

(1)多重序列比对与两两序列比对有何异同？各有何用途？

(2)除Clustal外,还有哪些多重序列比对软件？各有何优劣？

【实验仪器及软件】

计算机,多重序列比对软件ClustalX。

【实验步骤】

(1)打开软件ClustalX。(图24.1)

图24.1

(2)点击"File"下拉菜单中的"Load Sequences",导入要分析的序列文件。(图24.2)

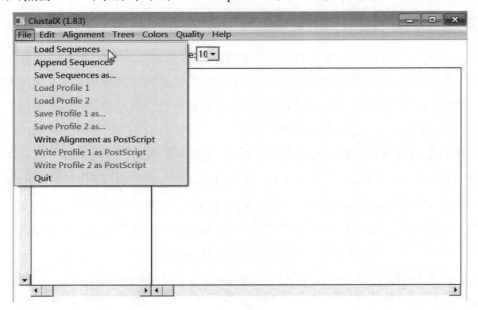

图24.2

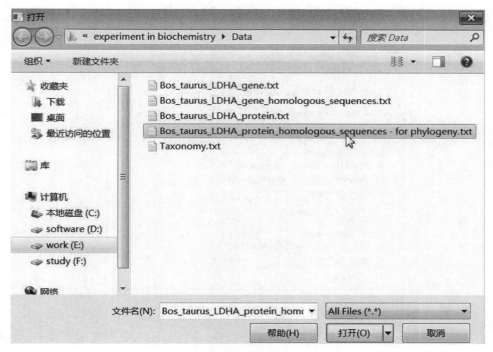

图 24.2(续)

（3）序列导入后，在"Alignment"的下拉菜单"Alignment Parameters"中，可以根据需要修改比对程序参数。（图 24.3）

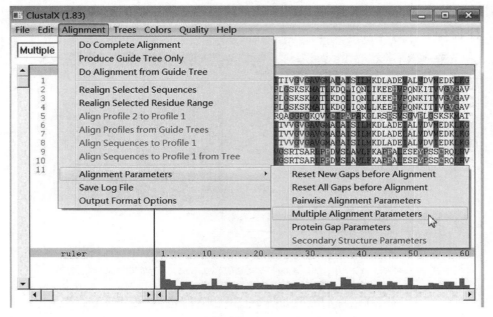

图 24.3

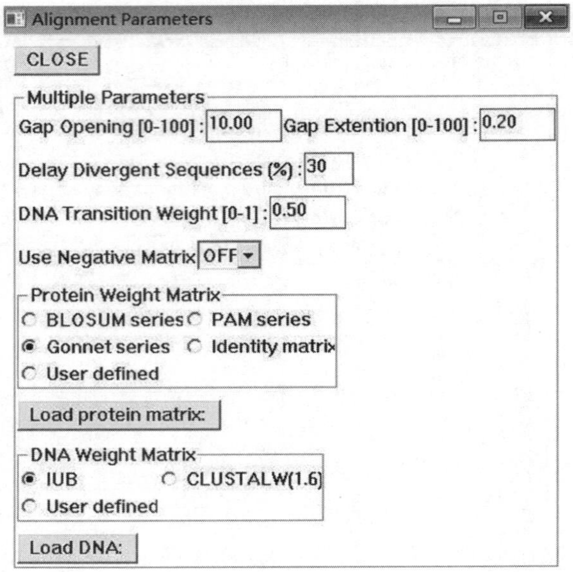

图 24.3（续）

(4)点击"Alignment"下拉菜单中的"Output Format Options"，在弹出的窗口中，可以选择各种输出格式：CLUSTAL、NBRF/PIR、GCG/MSF、PHYLIP、GDE、NEXUS、FASTA。可以调节输出的 GDE 格式为大写或小写（GDE output case），可以调节输出格式中是否显示序列数目（CLUSTALW sequence numbers），可以调节输出格式中序列顺序是按原顺序或者比对后的顺序（Output order），可以调节是否输出比对程序所用的参数（Parameter output）。（图 24.4）

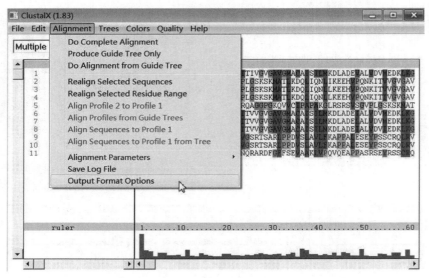

图 24.4

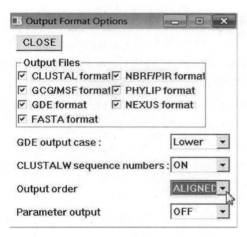

图24.4(续)

(5)设置好各项参数后,就可以点击"Alignment"下拉菜单中的"Do Complete Alignment",执行多重序列比对。(图24.5)

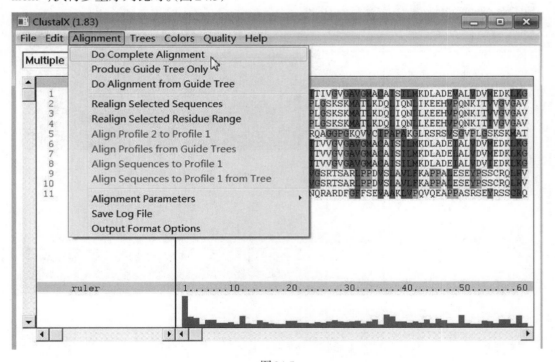

图24.5

(6)完成多重序列比对后,即可在目的序列的同一文件夹中生成所需格式的比对结果文件。各种格式的比对结果可以用于不同软件中,进行后续分析。(图24.6)

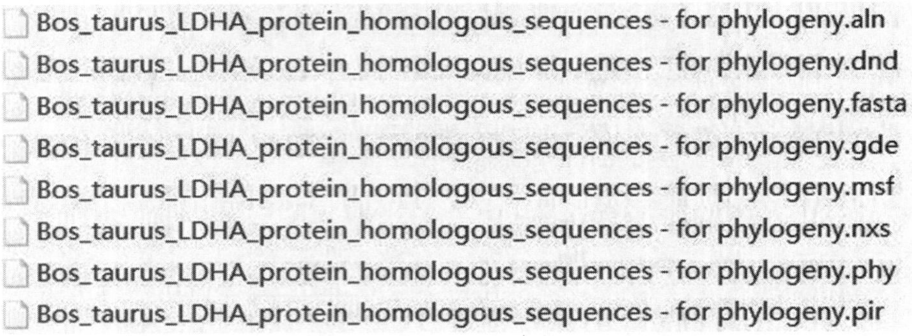

Bos_taurus_LDHA_protein_homologous_sequences - for phylogeny.aln
Bos_taurus_LDHA_protein_homologous_sequences - for phylogeny.dnd
Bos_taurus_LDHA_protein_homologous_sequences - for phylogeny.fasta
Bos_taurus_LDHA_protein_homologous_sequences - for phylogeny.gde
Bos_taurus_LDHA_protein_homologous_sequences - for phylogeny.msf
Bos_taurus_LDHA_protein_homologous_sequences - for phylogeny.nxs
Bos_taurus_LDHA_protein_homologous_sequences - for phylogeny.phy
Bos_taurus_LDHA_protein_homologous_sequences - for phylogeny.pir

图 24.6

（7）在 ClustalX 的多重序列比对结果窗口中，拉动下方的左右进度条，即可查看序列的比对情况。（图 24.7）

ClustalX (1.83)
File Edit Alignment Trees Colors Quality Help
Multiple Alignment Mode
Font Size: 10
1 Vicugna_pacos
2 Sus_scrofa
3 Bubalus_bubalis
4 Pantholops_hodgs
5 Bos_mutus
6 Bos_taurus
7 Ovis_aries
8 Capra_hircus
9 Delphinapterus_l
10 Orcinus_orca
11 Physeter_catodon
ruler
..80........90.......100.......110.......120.......130.....

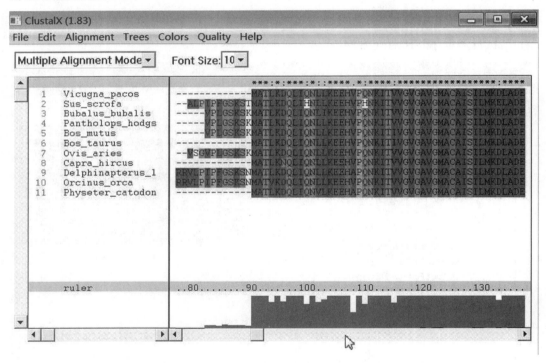

图 24.7

（8）使用“Colors”菜单可以调整比对结果的颜色，以满足制图需要。再利用“File”下拉菜单中的“Write Alignment as PostScript”，生成后缀名为 .ps 的 PostScript 矢量图。该图可以利用 PostScript 编程语言进行处理，也可以利用 Adobe Illustrator 软件进行编辑。（图 24.8）

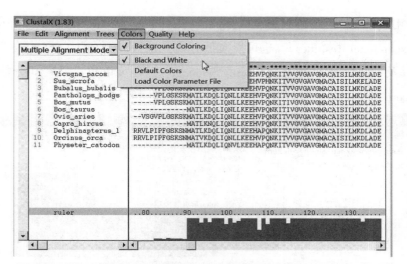

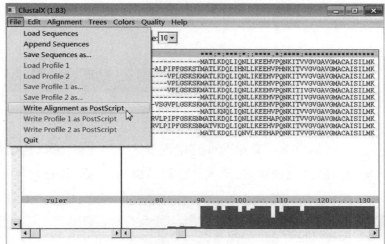

图 24.8

(9) 使用"Quality"菜单可以展示低分值区(Show Low-Scoring Segments)和展示例外残基(Show Exceptional Residues)。也可以对低分值区进行自定义(Low-Scoring Segment Parameters)以及计算(Calculate Low-Scoring Segments)。还可以自定义区间分数计算参数(Column Score Parameters)后,计算序列比对结果的区间质量分数。(图24.9)

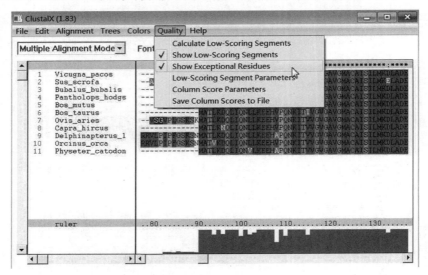

图24.9

(10) 尽管ClustalX的"Trees"菜单允许利用该多重序列比对结果,构建邻位相连法(Neighbor Joining,NJ)的系统进化树,但大多数国际期刊不认可该进化树,因此用得不多。(图24.10)

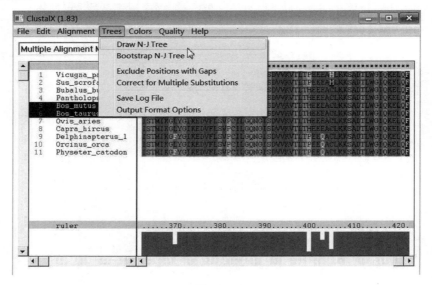

图24.10

(11)点击"Help"菜单,可以查看ClustalX软件相应的帮助信息。(图24.11)

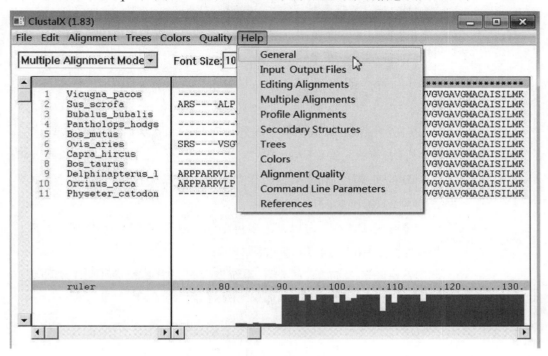

图24.11

【课后思考题】

(1)利用《实验23 序列同源检索》检索得到的牛及其同源物种的 *LDHA* 基因核苷酸和氨基酸序列,进行多重序列比对。

(2)查看并比较各种格式的多重序列比对结果。

实验拓展

[1] Clustal 软件网站：http://www.clustal.org/clustal2/

[2] ClustalX 软件使用说明。

[3] Chowdhury B, Garai G. A review on multiple sequence alignment from the perspective of genetic algorithm[J]. Genomics, 2017, 109: 419 - 431.

[4] 李美满. 生物信息学中序列比对技术和算法研究进展[J]. 现代计算机（专业版），2012(26): 18-21.

[5] 邹权, 郭茂祖, 韩英鹏, 等. 多序列比对算法的研究进展[J]. 生物信息学, 2010, 8(4): 311-315.

[6] 杨凡, 唐东明, 白勇, 等. 多重序列比对研究进展[J]. 生物医学工程学杂志, 2010, 27(4): 924-928.

[7] 姜自锋, 窦向梅, 黄大卫. 系统发育研究中多重序列比对常见问题分析[J]. 动物分类学报, 2006, 31(1): 81-87.

加入本书学习交流群
回复"实验24"
获取课程PPT及拓展资料
入群指南见封二

实验 25　系统进化分析

现代生物学的基础是进化论,即各物种间具有亲缘关系。在分子生物学出现之前,各物种间的亲缘关系大多通过物种的形态学特征及其生活史来判定,但由此得出的结果会由于物种之间的趋同进化、协同进化等现象出现错误。而基于分子生物学数据的系统进化分析,能推导出物种之间更为真实的进化关系。本次实验我们学习软件MEGA5,并利用该软件进行系统进化分析。

【实验目的】

(1)学习使用软件MEGA5构建系统进化树。
(2)了解系统进化分析在物种进化和基因分类研究中的作用。

【实验原理】

所谓系统进化分析,是以抽象的树型结构展现物种(或基因)之间亲缘关系的一种分类方法。它所构建的系统进化树通常以共同祖先(或祖先基因)为"根"(也存在无根的情况),各物种(或基因)位于"枝"的末梢,各枝上的"节点"对应各分支物种(或基因)的最近共同祖先(或祖先基因),节点间的"枝长"则代表物种(或基因)间的进化距离。

构建系统进化树的方法有多种,主要包括非加权组平均法(UPGMA, unweighted pair-group method with arithmetic means)、邻位相连法、最大简约法(MP, Maximum parsimony)、最大似然法(ML, Maximum likelihood)、贝叶斯法(Bayesian)等。各种方法各有适用条件,也各有优劣。其中,UPGMA法由于不准确,目前已经很少使用。NJ法运算速度快,但对同源性差的数据,会出现"长枝吸引"(Long-branch Attraction, LBA)假象,推导出错误的结果。MP法对近缘物种的分析结果较好,但对亲缘关系较远的物种则不太适用。ML法如果模型选择合适,会得出较好的结果,但其运算速度较慢。目前认为Bayesian法得出的结果最为可靠,但其运算速度相当缓慢。因此,通常可以先使用运算速度快的NJ法构建初级的系统进化树,根据其结果对数据进行矫正,再将矫正后的数据用ML法构建系统进化树,经过多次调整后,使得NJ法和ML法构建出拓扑结构一致的系统进化树,最后使用Bayesian法对该结果进行进一步的佐证,得出最佳的系统进化结果。

构建系统进化树的软件也有多种,MEGA5由于可以运行于Windows平台且界面友好,因此被广泛使用。MEGA(Molecular Evolutionary Genetics Analysis)是日本学者开发的基于DNA或蛋白质序列数据进行系统进化分析的一系列软件。目前的MEGA5除可以运用NJ法和MP法构建系统进化树外,还增加了ML法的功能,且每种方法还提供了常用的替换模型供用户选择使用。使用MEGA5软件还可以很方便地对构建好的系统进化树进行编辑处理,并生成EMF格式的矢量图片,供后续图形美化。

【课前思考题】

(1)基因进化树与物种进化树的概念有何不同?怎样区分构建的是哪种进化树?
(2)除MEGA5外,还有哪些系统进化分析软件?各有何优劣?

【实验仪器及软件】

计算机,系统进化分析软件MEGA5。

【实验步骤】

(1)打开软件MEGA5。(图25.1)

图25.1

(2)点击"Align"下拉菜单中的"Edit/Build Alignment",在弹出的窗口中选择"Create a new alignment",点击"OK",创建一个新的多重序列比对。也可以选择"Open a saved alignment session",打开一个已转换成.mas格式的多重序列比对文件。(图25.2)

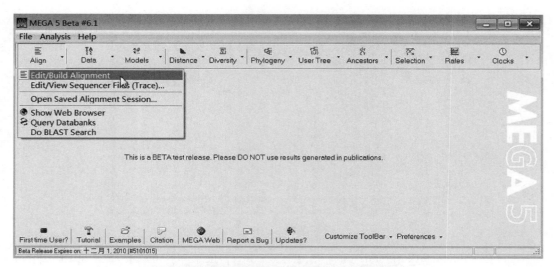

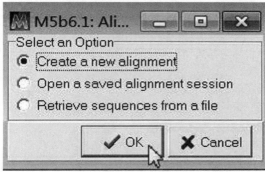

图 25.2

(3)在新创建多重序列比对的过程中,根据原始输入序列,选择"DNA"或者"Protein",输入数据。本实验我们以《实验 23 序列同源检索》获得的牛及其同源物种的 LDHA 基因氨基酸序列为例,构建牛及其同源物种的系统进化树。因此,点击"Protein",弹出 Alignment Explorer 多重序列比对窗口。(图 25.3)

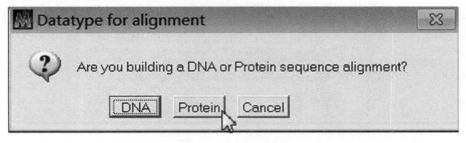

图 25.3

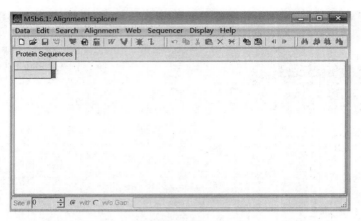

图25.3(续)

(4)在"Alignment Explorer"窗口中,点击"Edit"下拉菜单中的"Insert Sequence From File",输入要分析的序列数据。(图25.4)

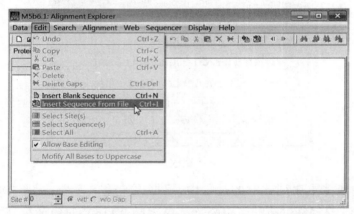

图25.4

（5）待序列数据输入后，点击"Alignment"下拉菜单中的"Align by ClustalW"。在弹出的"ClustalW Parameters"窗口中设置好参数后，点击"OK"，运行多重序列比对。(图25.5)

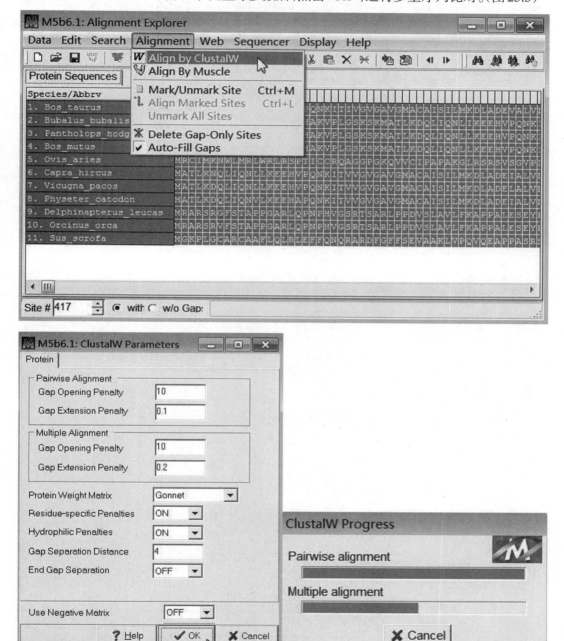

图25.5

（6）在运行完多重序列比对后，点击保存按钮，将多重序列比对文件保存为MEGA5

软件识别的.mas格式,用于后续研究。(图25.6)

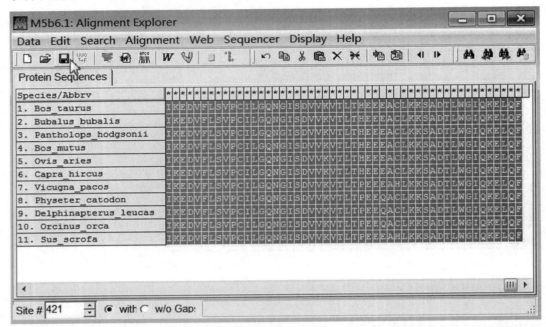

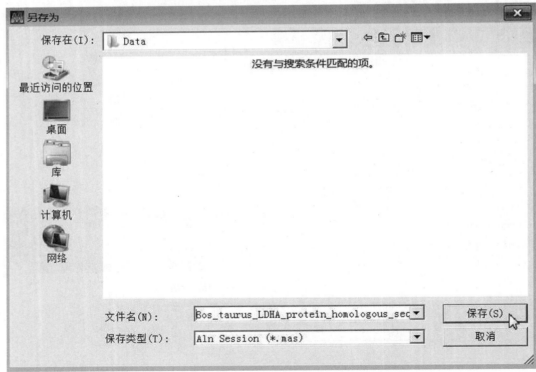

图25.6

（7）关闭 Alignment Explorer 窗口，在 MEGA5 主界面，点击"Data"下拉菜单中的"Open A File/Session …"，在弹出的窗口中选择前面保存的 .mas 格式的多重序列比对文件。打开后，点击"Analyze"按钮进行分析。（图 25.7）

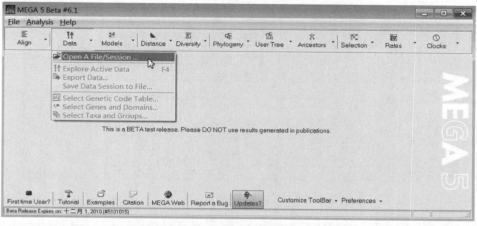

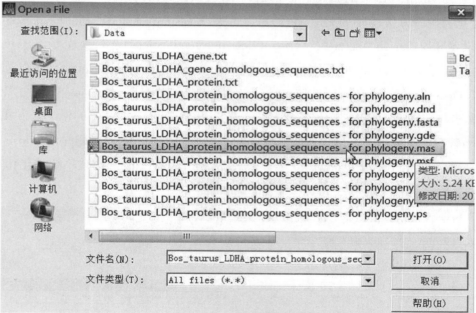

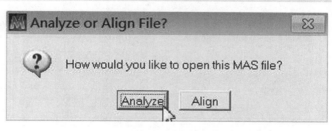

图 25.7

(8)多重序列比对输入后,在MEGA5主界面,点击"Phylogeny"下拉菜单中的"Construct/Test Neighbor-Joining Tree …",运用NJ法构建系统进化树。(图25.8)

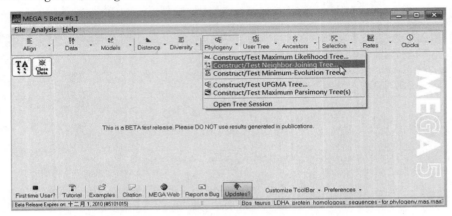

图25.8

(9)在弹出的"Analysis Preferences"窗口中,可以设置系统进化分析的各项参数。其中,进化树检测方法(Test of Phylogeny)可以选择:Bootstrap method或Interior-branch test,并可设置Bootstrap的重抽样数目(No. of Bootstrap Replications)。替换模型(Substitution Model)可以选择:No. of differences,p-distance,Poisson model,Equal input model,Dayhoff model,Jones-Taylor-Thornton(JTT)model。位点间替换速率(Rates among Sites)可以设置为一致型(Uniform rates)或伽马分布型(Gamma-distributed rates),其中的伽马分布可以设置伽马参数。空缺数据可以全部删除(Complete deletion)或两两比对删除(Pairwise deletion)或部分删除(Partial deletion)。当设置完后,点击"Compute",构建系统进化树。(图25.9)

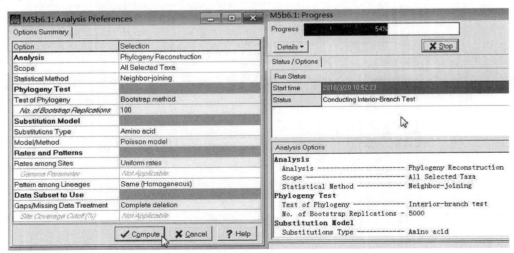

图25.9

（10）在构建好的系统进化树窗口中，点击"Bootstrap consensus tree"以显示并处理经过 Bootstrap 重抽样检测后的进化树。（图 25.10）

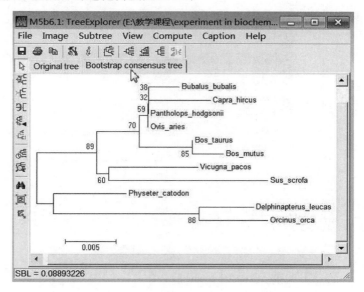

图 25.10

（11）在构建好的系统进化树窗口中，选中某一进化枝后，可以在菜单栏"Subtree"中，对该进化枝的根（Root）、翻转（Filp）、交换（Swap）、会聚/展开（Compress/Expand）的树型结构进行处理。也可以点击菜单栏"Subtree"中"Draw Options"的"Selected Subtree"，在弹出的"Subtree Drawing Options"窗口中，对进化树进行多方面的调整。（图 25.11）

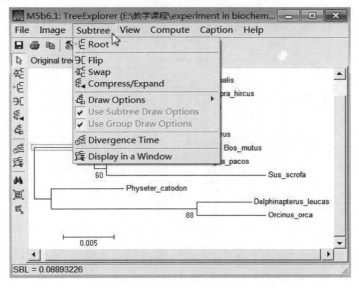

图 25.11

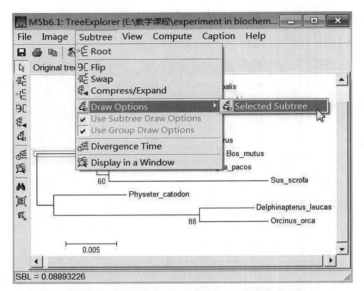

图25.11(续)

(12)在系统进化树窗口中,可以在菜单栏"View"中,对该进化树的展示结果进行调整。可以利用"Tree/Branch Style"菜单,将进化树调整为有根的传统型(Traditional)、无根的辐射型(Radiation)或环型(Circle)。可以利用"Show/Hide"菜单,展示或者隐藏相应树型部件。可以利用"Fonts"菜单,调整字体。可以利用下拉菜单中的"Options",在弹出的 Tree Options 窗口中,对进化树进行多方面的调整。(图 25.12)

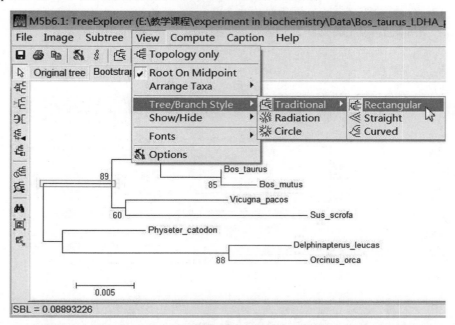

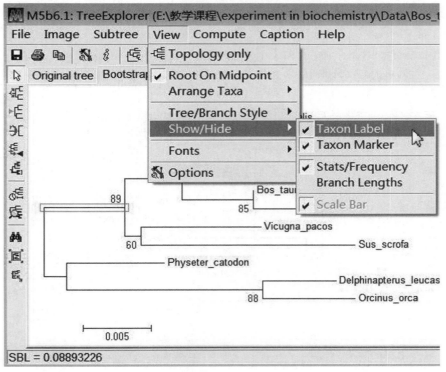

图 25.12

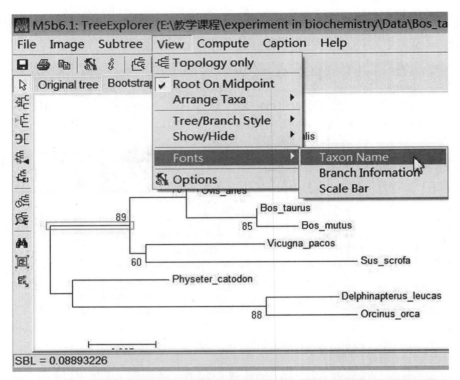

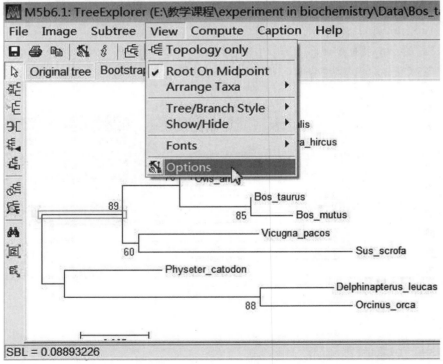

图25.12(续1)

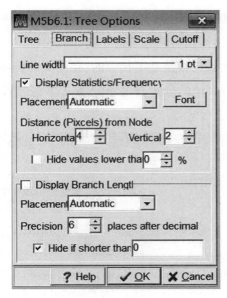

图 25.12（续 2）

（13）在系统进化树调整完毕后，利用菜单栏"Image"，可以将该进化树复制到剪贴板，也可以直接保存为可编辑的 EMF 格式图片、TIFF 格式图片、PDF 文档 3 种文件。（图 25.13）

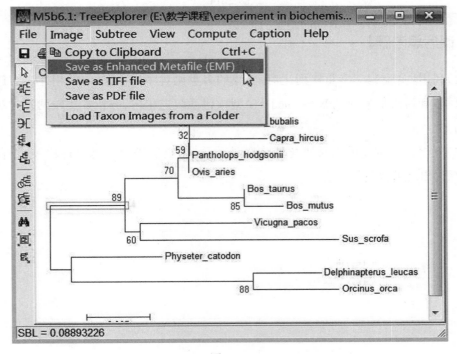

图 25.13

（14）MEGA5除了可以构建邻位相连法进化树外，还可以利用最大似然法、最小进化法、非加权组平均法、最大简约法构建系统进化树（图25.14）。尽管各种方法所用的算法模型各有不同，但建树的大致流程是基本相似的，在此不再赘述。MEGA5除了可以构建系统进化树外，还可以进行其他的分子进化分析，是非常好用且功能强大的软件，有兴趣的同学可以利用数据自己进行学习。

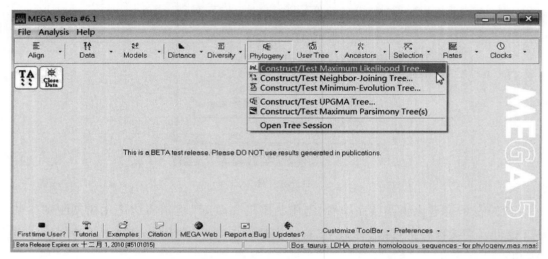

图25.14

【课后思考题】

（1）利用《实验24 多重序列比对》完成的多重比对序列，通过邻位相连法的Poisson model模型和最大似然法的WAG model模型构建系统进化树，分析并比较两种方法建树的异同。

（2）分析自己构建的系统进化树中物种关系，与真实进化情况进行比较，若存在差异，请探讨出现差异的原因。

实验拓展

[1] MEGA 软件网站：https://www.megasoftware.net/

[2] MEGA 软件使用说明。

[3] Hall B. G. Building Phylogenetic Trees from molecular data with MEGA[J]. Molecular Biology and Evolution, 2013, 30(5): 1229–1235.

[4] 秦洁, 张爱兵. 昆虫系统发育重建的常用方法及步骤[J]. 应用昆虫学报, 2013, 50(1): 288–292.

[5] 张丽娜, 荣昌鹤, 何远, 等. 常用系统发育树构建算法和软件鸟瞰[J]. 动物学研究, 2013, 34(6): 640–650.

[6] 张树波, 赖剑煌. 分子系统发育分析的生物信息学方法[J]. 计算机科学, 2010, 37(8): 47–51.

[7] 张原, 陈之端. 分子进化生物学中序列分析方法的新进展[J]. 植物学通报, 2003, 20(4): 462–468.

加入本书学习交流群
回复"实验25"
获取课程PPT及拓展资料
入群指南见封二

实验26 蛋白质序列分析

对于生命而言,基因编码的蛋白质是构成细胞的基本物质,是生命活动的主要承担者和体现者。因此,对蛋白质的研究在生命科学领域格外重要,而蛋白质的理化性质是研究蛋白质的基础。本次实验我们学习软件ANTHEPROT,并使用该软件对蛋白质序列进行入门级的分析。

【实验目的】

(1) 学习使用软件ANTHEPROT,分析蛋白质序列。

(2) 掌握蛋白质亲水性、疏水性等特性,以及α-螺旋、β-折叠等蛋白质二级结构特征的预测方法及原理。

(3) 了解蛋白质特征序列位点、相对分子质量、氨基酸组成、信号肽及其切割位点、等电点和滴定曲线等计算和绘制方法。

(4) 学会比较两种同源蛋白质序列在不同位置上的同源序列片段。

【实验原理】

蛋白质的理化性质主要包括蛋白质的相对分子质量、氨基酸组成、等电点、抗原性、疏水性、亲水性、可溶性等。通常情况下,蛋白质的理化特性可以通过实验来测定,但是这种方法费时且花钱。目前更为流行的是利用生物信息学技术,基于蛋白质的序列数据,对其理化特性进行预测。

蛋白质序列分析的在线网站和本地软件有很多,其中ANTHEPROT是比较常用的一款。ANTHEPROT是法国蛋白质生物与化学研究院(Institute of Biology and Chemistry of Proteins)开发的一款适用于Linux、DOS、Windows平台的免费软件。该软件功能十分强大,包括了蛋白质研究领域的大多数内容,如:计算蛋白质的相对分子质量和氨基酸组成情况;绘制、计算蛋白质的滴定曲线和等电点;预测蛋白质的亲水性和疏水性;预测蛋白质的二级结构;在蛋白质序列中查找符合 PROSITES 数据库的特征序列;绘制蛋白质的理化特性曲线;在 Internet 或本地蛋白质序列数据库中查找相似序列;选定一个蛋白质片段后,绘制其旋轮图(Helical wheel),查看其局部亲水性、疏水性;进行蛋白质的点阵图(Dot Plot)分析;计算信号肽潜在的断裂位点;等等。

【课前思考题】

(1)蛋白质等电点怎么定义? 除生物信息软件预测外,哪些实验方法可以测定蛋白质的等电点? 各实验方法原理是什么?

(2)氨基酸的亲水性和疏水性怎么定义? 蛋白质的疏水性图谱为什么能预测其跨膜螺旋?

(3)除 ANTHEPROT 外,还有哪些在线的或本地的蛋白质序列分析软件? 各有何优劣?

【实验仪器及软件】

计算机,蛋白质序列分析软件 ANTHEPROT。

【实验步骤】

(1)打开软件 ANTHEPROT。(图 26.1)

图 26.1

(2)点击菜单栏"File"里的"Open",在弹出的窗口中打开要分析的蛋白质序列文件。(图 26.2)

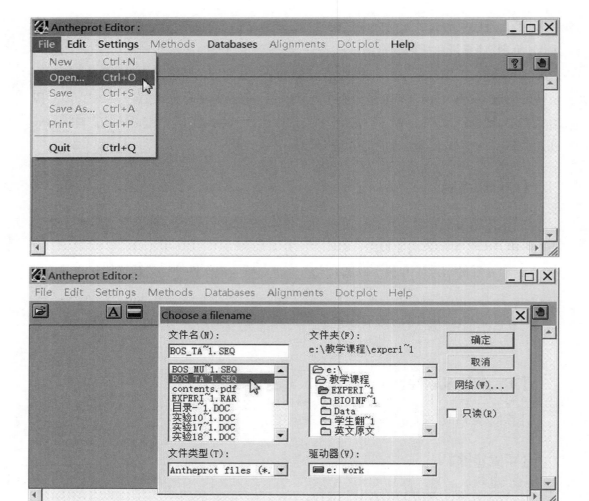

图 26.2

(3)序列输入后,菜单栏"Methods"里的"Secondary structure prediction"功能可以预测蛋白质二级结构。可以逐一选择 Garnier、Gibrat、DPM、Levin、Predator、SOPMA、PHD 等方法预测该蛋白质的二级结构,也可以点击"All"一次性利用 Garnier、Gibrat、DPM、Levin、Predator 5 种方法预测二级结构,并将这 5 种方法预测结果进行统一展示和比较。(图 26.3)

第三部分　生物信息学实验

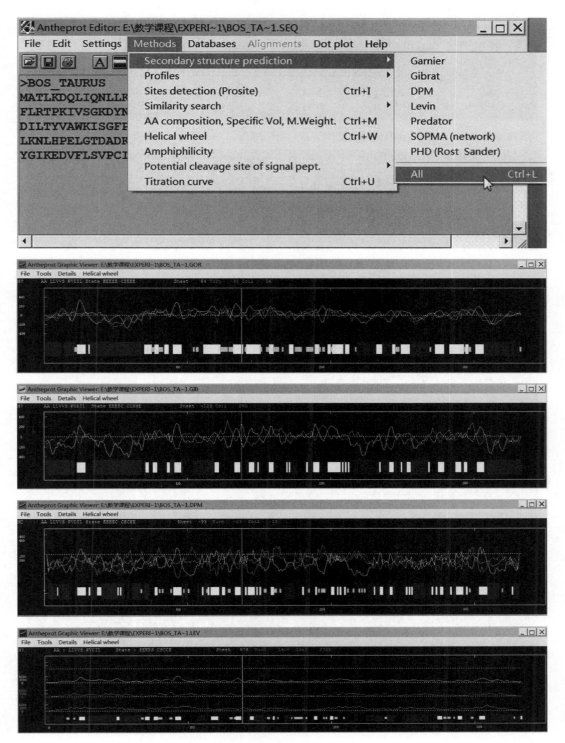

图 26.3

179

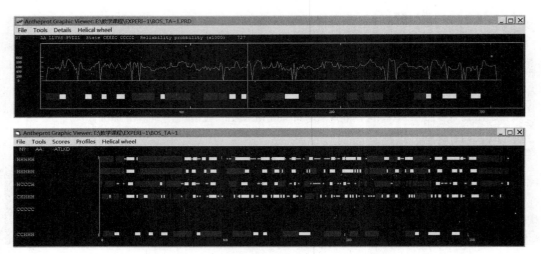

图26.3(续)

(4)菜单栏"Methods"里的"Profiles"功能可以预测蛋白质理化特性。点击"All Profiles"可以一次性预测目的蛋白质的抗原性、疏水性、亲水性、螺旋跨膜区域和可溶性。(图26.4)

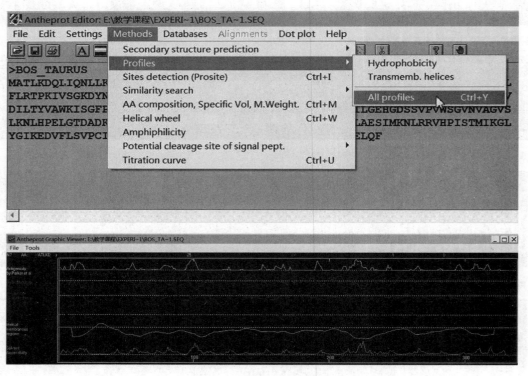

图26.4

(5)菜单栏"Methods"里的"Sites detection (Prosite)"功能可以将目的蛋白质与PROS-

ITES数据库进行比对,以预测其存在的位点和特征序列。(图26.5)

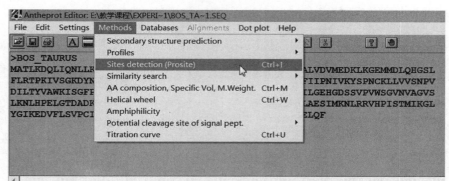

图26.5

(6)菜单栏"Methods"里的"Similarity search"功能可以将目的蛋白质与蛋白质数据库进行同源性比对,以检索数据库中的同源序列。数据库可以选择自己构建的本地数据库,也可以选择SWISSPROT、NRL-3D、SWISSPROT-TrEMBL、Non redundant(NR)、PDB等网上的蛋白质数据库。(图26.6)

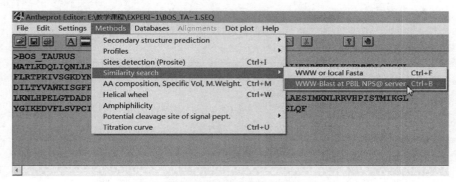

图26.6

(7)菜单栏"Methods"里的"AA composition, Specific Vol, M. Weight."功能可以计算目的蛋白质的相对分子质量及其序列中的氨基酸组成。(图26.7)

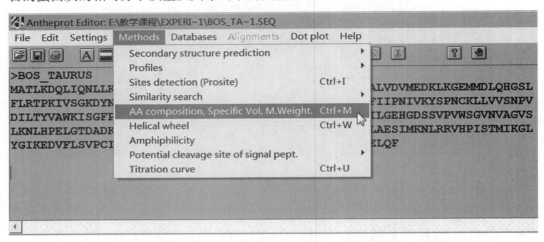

图26.7

（8）选择目的蛋白质的一段小于100个氨基酸的序列，可利用菜单栏"Methods"里的"Helical wheel"功能绘制该段序列的旋轮图，以直观地分析该段序列的亲水性、疏水性、α-螺旋等蛋白质二级结构特征。（图26.8）

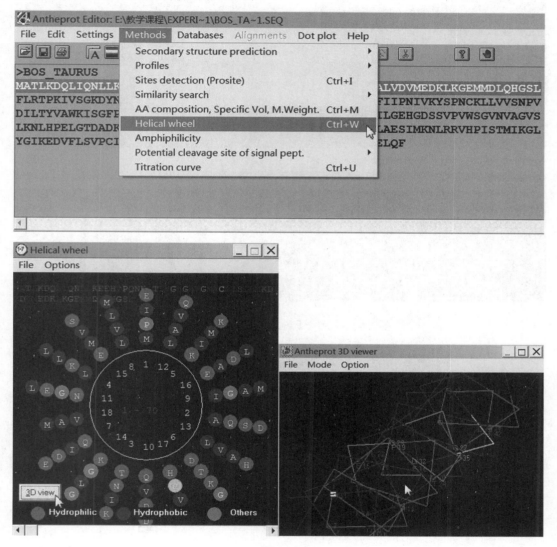

图26.8

（9）菜单栏"Methods"里的"Amphiphilicity"功能可以分析该目的蛋白质的亲水性、疏水性、α-螺旋、β-折叠等蛋白质二级结构特征。（图26.9）

生物化学与分子生物学实验

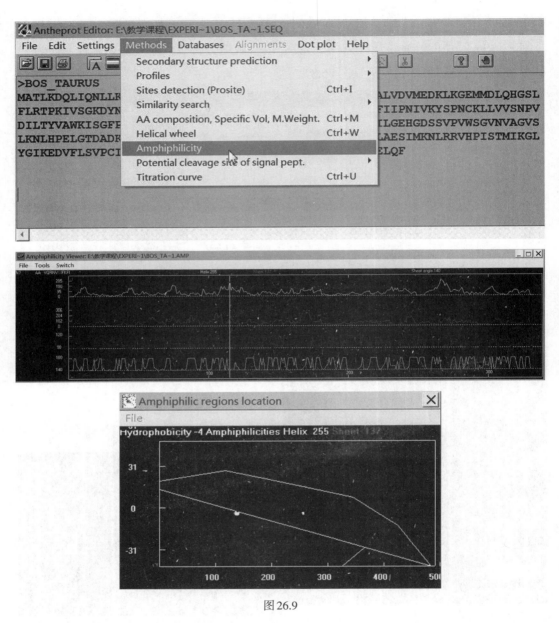

图26.9

（10）菜单栏"Methods"里的"Potential cleavage site of signal pept."功能可以预测目的蛋白质潜在的信号肽及其切割位点。其中，Eucaryotic sequence 表示真核生物的序列，Procaryotic sequence 表示原核生物的序列。（图26.10）

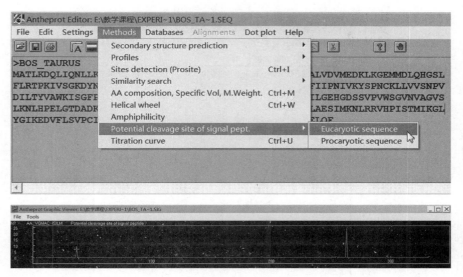

图 26.10

(11)菜单栏"Methods"里的"Titration curve"功能可以计算和绘制目的蛋白质的等电点和滴定曲线。(图 26.11)

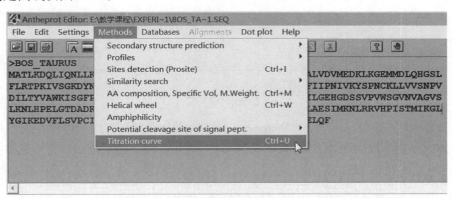

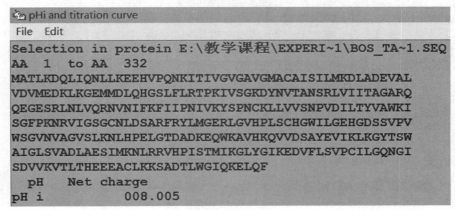

图 26.11

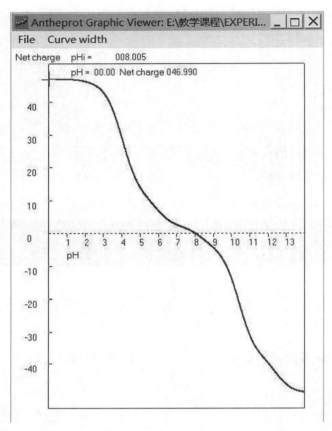

图26.11(续)

(12)菜单栏"Databases"里的"Pattern search"功能允许在蛋白质数据库中检索用户自定义的特征序列。数据库包括SWISSPROT、SWISSPROT-TrEMBL、NRL-3D和本地数据库4种,在下方序列框中输入需检索的自定义特征序列,运行即可。(图26.12)

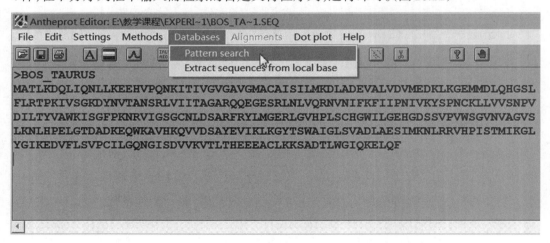

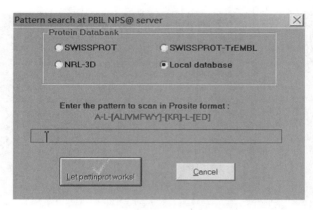

图 26.12

(13)菜单"Dot plot"功能可进行两条序列间的同源性分析,以检索二者在不同位置上的同源序列片段。点击"Dot plot",在弹出的"Choose another sequence file"窗口中,选择需要比对的另一条序列。在"Dot plot parameters"窗口中,进行参数设置。在"Amino acid selection"窗口中,选择要进行比对的两条序列的前后位置。运行程序,绘制点阵图,即可在"Antheprot Dot Plot Viewer"窗口中,观察和分析两条序列的同源性异同之处。(图26.13)

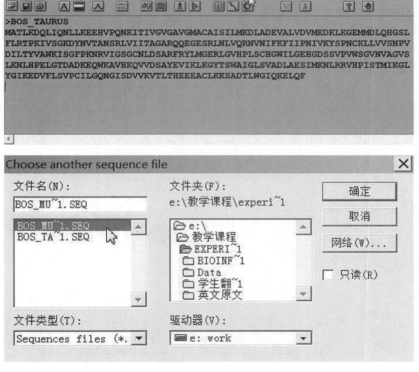

图 26.13

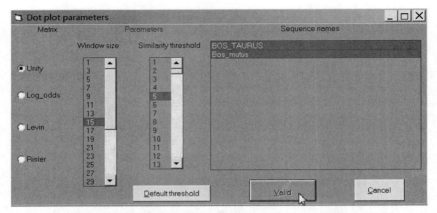
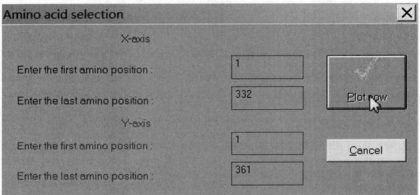
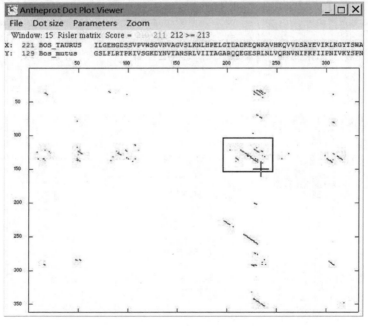

图 26.13（续）

【课后思考题】

（1）预测目的蛋白质的亲水性、疏水性、α-螺旋、β-折叠等蛋白质二级结构特征。

（2）预测目的蛋白质在PROSITES数据库中的特征序列位点、信号肽及其切割位点。并根据其结果，分析该蛋白质的功能。

（3）计算目的蛋白质的相对分子质量、氨基酸组成、等电点和绘制滴定曲线。

（4）根据《实验23 序列同源检索》中的方法，检索目的蛋白质亲缘关系最近的蛋白质序列，绘制二者点阵图，分析并比较二者的同源性异同。

实验拓展

[1] ANTHEPROT软件网站：http://antheprot-pbil.ibcp.fr/anthe_histo.php

[2] 杨莹莹,赵南晰,安丽萍,等.人过氧化物氧还蛋白的生物信息学分析[J].北华大学学报（自然科学版）,2018,19(6): 758-763.

[3] 李希.基于序列特征的蛋白质功能类预测方法研究[D].长沙：湖南大学,2010.

[4] 史梦远,王海涛,张芳琳.应用生物信息学网络资源分析预测融合蛋白的二级结构及其理化性质[J].中国组织工程研究与临床康复,2008,12(9): 1685-1688.

[5] Combet C. NPS@: network protein sequence analysis[J]. Trends Biochem Sci, 2000, 25(3): 147-150.

蛋白质结构预测

蛋白质作为生命物质的基础,其功能的体现是由其结构决定的。蛋白质结构可分为一级结构、二级结构、超二级结构、三级结构、四级结构等层次。本次实验我们学习SOPMA、SWISS-MODEL、pGenThreader和I-TASSER在线分析网站,并使用这些网站对蛋白质的二级结构和三级结构进行预测。

【实验目的】

(1)学习使用SOPMA网站预测蛋白质二级结构。

(2)学习使用SWISS-MODEL网站,基于同源建模法(Homology modeling)预测蛋白质三级结构。

(3)学习使用pGenThreader网站,基于折叠识别法(Fold recognition)预测蛋白质三级结构。

(4)学习使用I-TASSER网站,基于从头计算法(Ab initio modeling)预测蛋白质三级结构。

(5)理解蛋白质三级结构的预测原理,以及上述3种方法的区别。

【实验原理】

除了运用《实验26 蛋白质序列分析》中介绍的ANTHEPROT软件来预测蛋白质二级结构外,互联网上还有众多的在线分析软件可以完成蛋白质二级结构的预测。其中,SOPMA就是一款整合了5种常用蛋白质二级结构预测方法(GOR法、Levin法、双重预测方法、PHD法、SOPMA法)的优秀在线软件,它可以将5种方法的预测结果汇集成一个"一致预测结果"。这种多个方法的综合一致预测效果比单个方法的更好,使得蛋白质二级结构预测的准确率超过80%。

相对于预测蛋白质的二级结构,预测其三级结构更复杂、更困难。目前,预测蛋白质三级结构主要有同源建模法、折叠识别法、从头计算法。其中,同源建模法是指利用已知三级结构的蛋白质作为模版,基于同源性,预测目的蛋白质三级结构的方法。同源建模主要基于两个原理:①蛋白质的结构由其氨基酸序列决定,因此从理论上讲,通过蛋白质的一级结构(氨基酸序列的排列顺序),可以预测其二级结构和三级结构;②为了保证生命体的稳定,蛋白质的三级结构在进化过程中更为保守,即氨基酸序列同源性超过50%的两个蛋白质,二者三级结构中α-碳原子位置偏差不会超过3Å。因此,通常情况下,同源建模要求目的蛋白质与模板蛋白质的氨基酸序列同源性高于30%。

同源建模过程中,若未检索到具有氨基酸序列同源性的已知三级结构的模板蛋白质,则无法获得目的蛋白质的三级结构。在此情况下,可以使用折叠识别法(也称为穿针引线法,Threading)预测目的蛋白质的三级结构。严格来讲,折叠识别法也是基于与模板蛋白质具有相似性的建模过程。只是同源建模法是基于氨基酸序列同源性,而折叠识别法是基于蛋白质折叠类型相似性。即折叠识别法是在蛋白质结构数据库中识别与目的蛋白质具有相似折叠类型的已知三级结构的蛋白质模板,进而对目的蛋白质的三级结构进行预测。折叠识别法的理论基础在于蛋白质折叠类型的数目是有限的,具有不同序列同源性的蛋白质,很可能具有相似的折叠类型。

同源建模和折叠识别的蛋白质三级结构预测方法都是基于目的蛋白质与已知三级结构的模板蛋白质具有同源性。如果在蛋白质结构数据库中,既没有检索到具有氨基酸序列同源性,也没有检索到具有折叠类型相似性的模板蛋白质,那就只能使用从头计算法来预测目的蛋白质的三级结构。从头计算法,是指直接根据蛋白质的氨基酸序列来预测其三级结构。其理论基础在于蛋白质的天然结构对应其能量最低的构象这一热力学假设,因此通过科学的能量函数及优化算法,可以从蛋白质序列直接预测其三级结构。

【课前思考题】

(1)什么是蛋白质的一级、二级、超二级、三级、四级结构?

(2)除生物信息软件预测外,哪些实验方法可以测定蛋白质的高级结构?这些实验方法的原理是什么?

(3)除SWISS-MODEL、pGenThreader、I-TASSER外,还有哪些蛋白质三级结构预测软件?各有何优劣?

【实验仪器及软件】

连接互联网的计算机,蛋白质二级结构预测软件SOPMA,蛋白质三级结构预测软件SWISS-MODEL、pGenThreader、I-TASSER,蛋白质三级结构查看软件RasMol。

【实验步骤】

1. 蛋白质二级结构预测——SOPMA

(1)打开SOPMA网站:

https://npsa-prabi.ibcp.fr/cgi-bin/npsa_automat.pl?page=/NPSA/npsa_sopma.html。(图27.1)

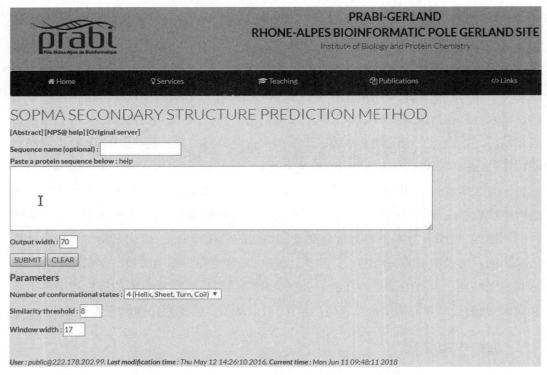

图27.1

(2)在"Sequence name(optional)"框里填入目的序列名,也可不填。在"Paste a protein sequence below"框里填入氨基酸序列。点击"SUBMIT",提交序列,进行预测。(图27.2)

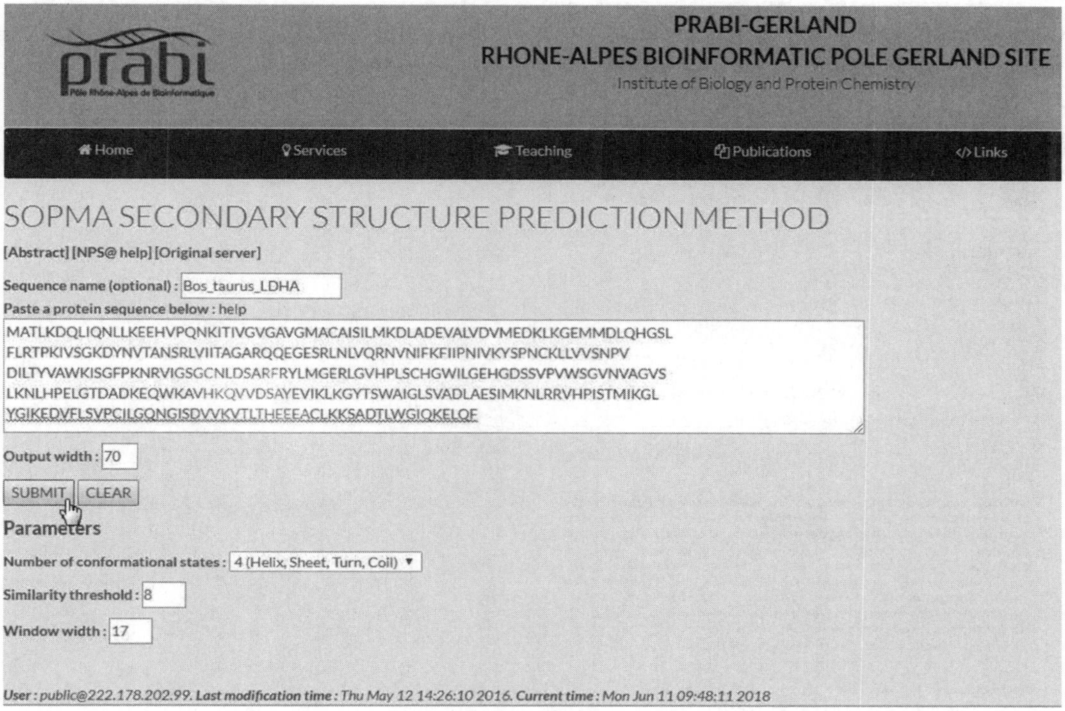

图 27.2

（3）结果如图 27.3 所示，其中 Hh 表示 α-螺旋，Gg 表示 3_{10} 螺旋，Ii 表示 π 螺旋，Bb 表示 β 桥，Ee 表示 β-折叠（延伸链），Tt 表示 β 转角，Ss 表示弯曲区，Cc 表示无规则卷曲。各二级结构元件在序列中的比例及所在位置在图中都展示了出来。

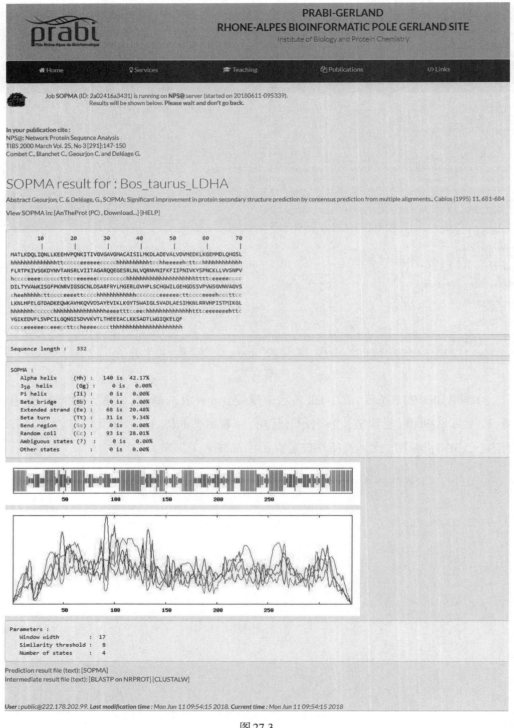

图27.3

2. 基于同源建模法的蛋白质三级结构预测——SWISS-MODEL

（1）打开 SWISS-MODEL 网站：https://swissmodel.expasy.org/。点击"Start Modelling"，进入数据上传页面。（图 27.4）

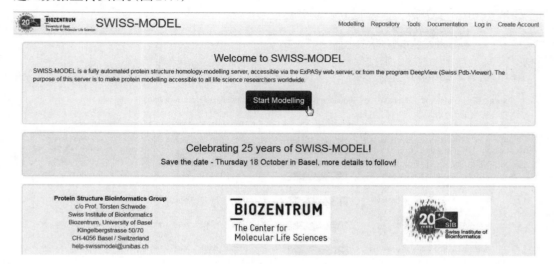

图 27.4

（2）在数据上传页面中，在"Target Sequence(s)"框里填入目的序列，"Project Title"框里填入目的序列名，"Email"框里填入自己的邮件地址（可不填）。点击"Build Model"进行同源建模（图 27.5）。

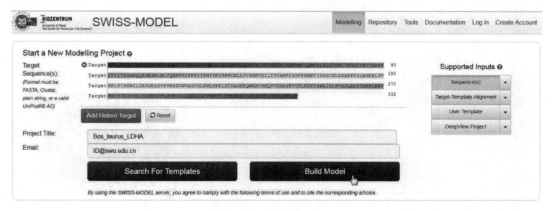

图 27.5

（3）在结果页面中，"Templates 47"表示检索到 47 个蛋白质的三级结构作为模板。"Models 1"表示以模板 5w8k.1.B 成功进行同源建模，获得了目的蛋白质的 1 个三级结构结果。点击"Models 1"，查看构建的目的蛋白质三级结构。（图 27.6）

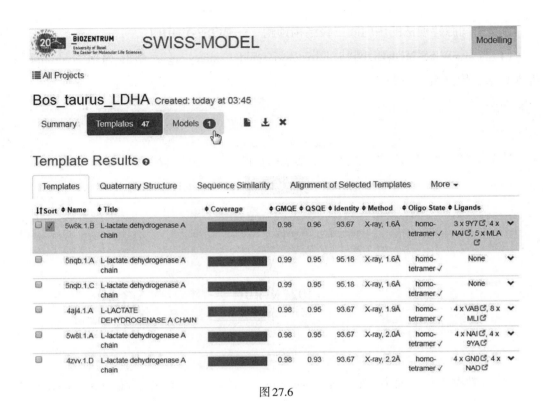

图27.6

（4）在目的蛋白质三级结构结果页面中，左部分展示了目的蛋白质的三级结构位点信息及序列数据，右部分是可以查看的蛋白质三级结构图。（图27.7）

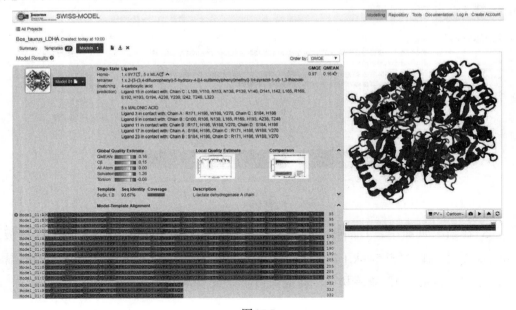

图27.7

(5)在目的蛋白质三级结构结果页面中,点击下载按钮,将同源建模的目的蛋白质三级结构结果下载到本地。在本地文件中,"model.pdb"即为成功构建的目的蛋白质三级结构。(图27.8)

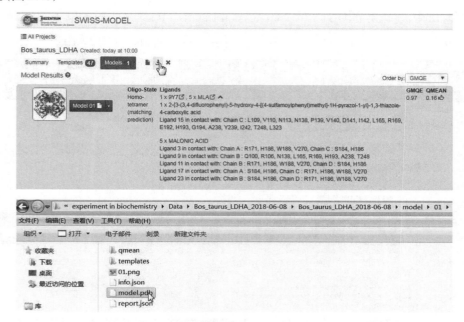

图27.8

(6)利用蛋白质三级结构查看软件RasMol,输入文件model.pdb,分析查看同源建模法预测的目的蛋白质三级结构。(图27.9)

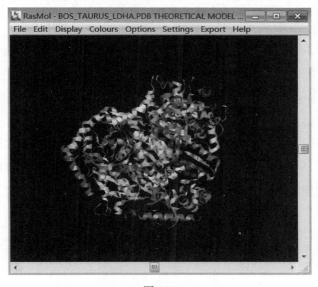

图27.9

3. 基于折叠识别法的蛋白质三级结构预测——pGenThreader

(1)打开 PSIPRED 网站:http://bioinf.cs.ucl.ac.uk/psipred/。在"Choose Prediction Methods"窗口中,勾选"pGenTHREADER(Profile Based Fold Recognition)"。在"Input Sequence"窗口中,输入目的序列。在"Submission Details"中,填入相应的电子邮件(可选)、密码(可选)、序列名。点击"Predict",开始预测蛋白质三级结构。(图27.10)

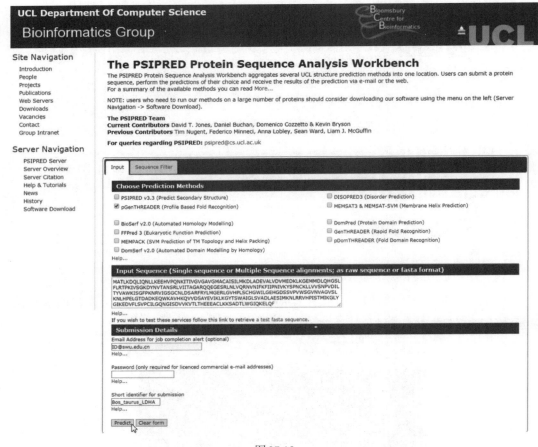

图 27.10

(2)在结果页面中,主要包括"Summary""pGenTHREADER""PSIPRED""Downloads"4个部分。"Summary"页面下,可以查看目的序列的二级结构预测图,以及检索到的具有相似折叠类型的已知模板蛋白质。(图27.11)

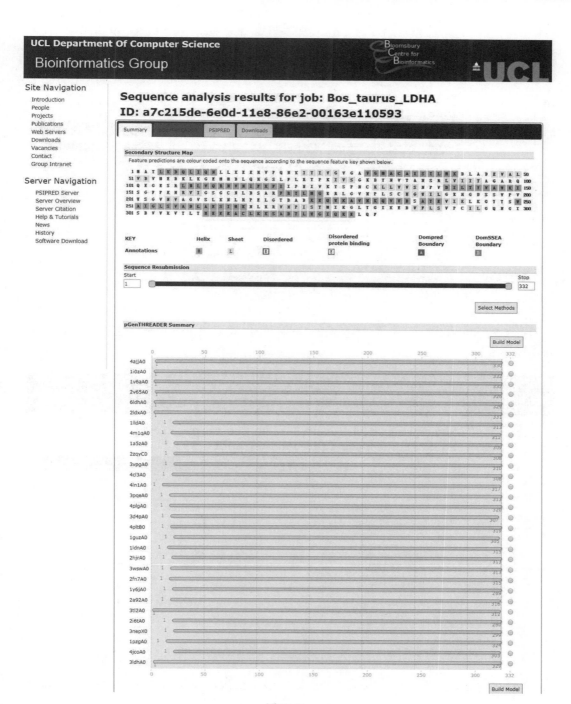

图27.11

(3)点击"pGenTHREADER",进入"pGenTHREADER"页面,可以查看检索到的模板蛋白质的具体信息。(图27.12)

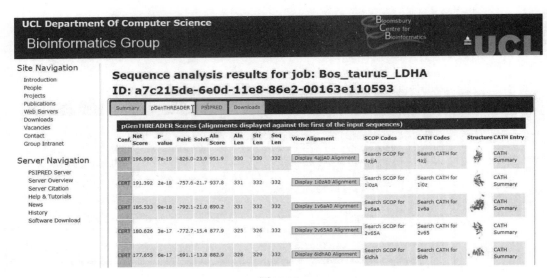

图 27.12

（4）点击"PSIPRED"，进入"PSIPRED"页面，可以查看目的蛋白质的二级结构预测结果。（图 27.13）

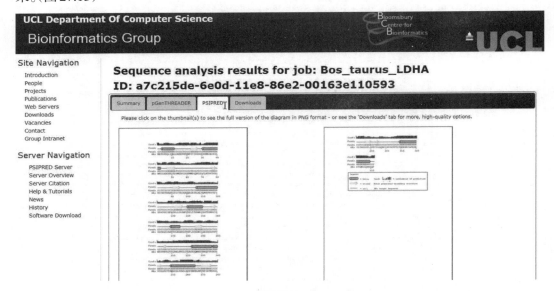

图 27.13

（5）在"Summary"页面下，选择 1 个已知三级结构蛋白质作为模板，点击"Build Model"，利用该模板，进行折叠识别法的建模，预测目的蛋白质的三级结构。（图 27.14）

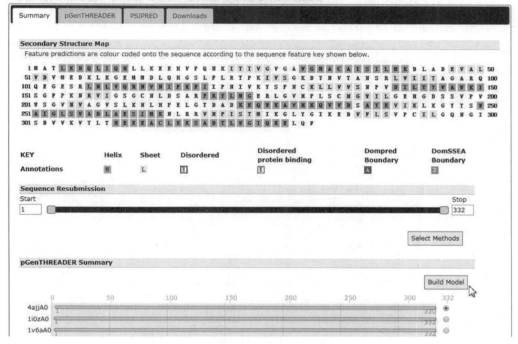

图 27.14

（6）在目的蛋白质的三级结构预测结果页面，可以查看该三级结构，也可以点击"Download PDB"，下载该三级结构的 PDB 文件到本地，然后用 RasMol 软件进行分析。（图 27.15）

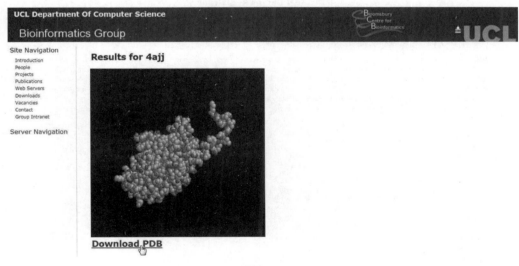

图 27.15

4. 基于从头计算法的蛋白质三级结构预测——I-TASSER

（1）打开 I-TASSER 网站：http://zhanglab.ccmb.med.umich.edu/I-TASSER/，在主页的"Password:（mandatory, please click here if you do not have a password）"栏目中，点击"here"，进行 I-TASSER 的注册（图27.16）。如果已注册，可忽略步骤（1）和步骤（2）。

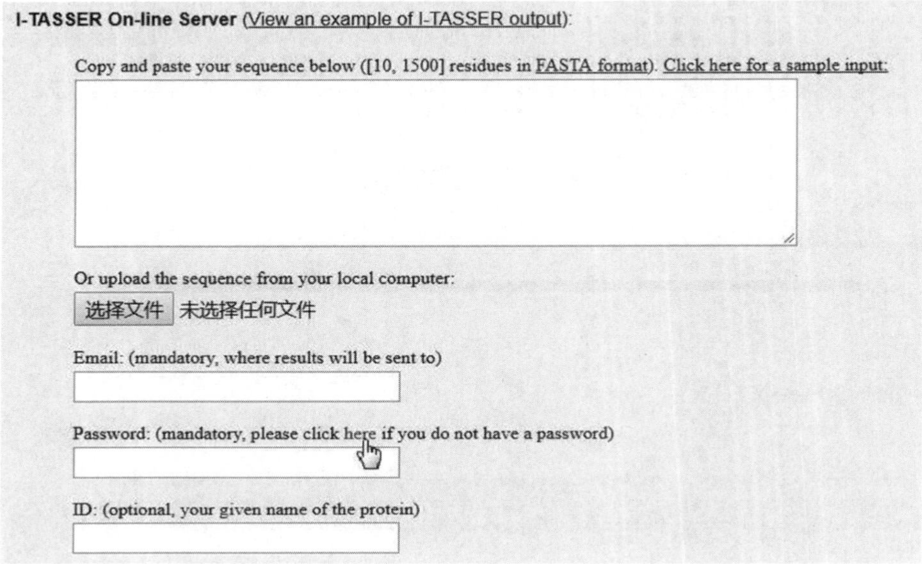

图27.16

（2）在弹出的注册页面，填写好相应信息后，点击"submit"提交注册申请。随后可在邮件中获得注册密码。（图27.17）

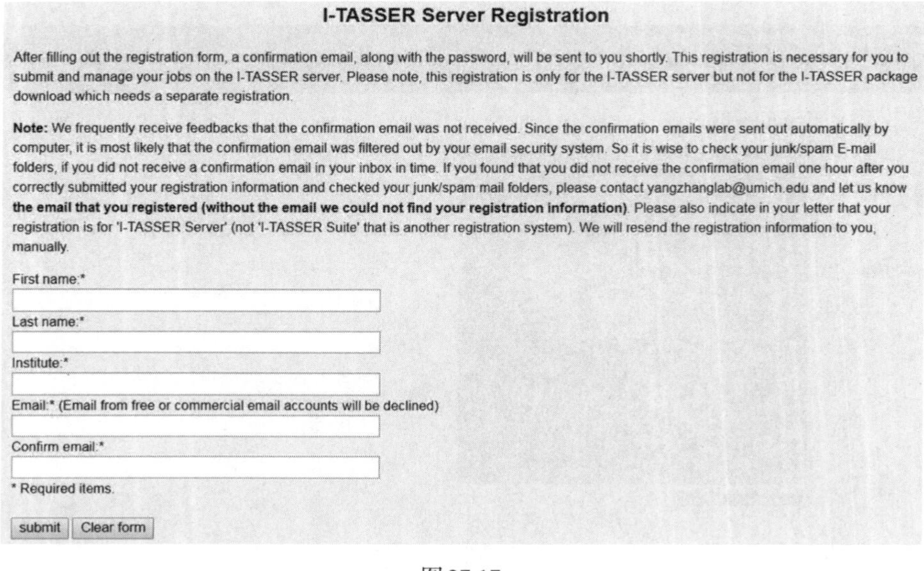

图27.17

(3) 返回 I-TASSER 主页。在"Copy and paste your sequence below"窗口中,输入目的蛋白质的氨基酸序列。在"Email"和"Password"窗口中,填写已注册的电子邮件和密码。在"ID"窗口中,填写序列名(可选)。填好上述信息后,点击"Run I-TASSER",开始预测该目的蛋白质的三级结构。(图27.18)

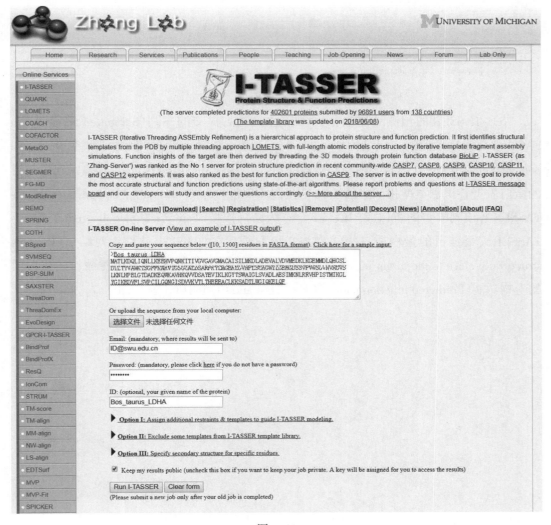

图27.18

(4) 数天后,会收到 I-TASSER 发来的目的蛋白质三级结构预测结果的电子邮件。点击链接地址,进入预测结果页面。(图27.19)

```
Dear User:
Your job with job id S402609 has been completed on the I-TASSER server. The picture of the predicted models is attached with
this mail. The complete results including coordinate files of the models as well as function predictions are available at:

http://zhanglab.ccmb.med.umich.edu/I-TASSER/output/S402609/

The results will be kept on the server for 2 months.

Thanks for using the I-TASSER server.

--
The I-TASSER Server Team
Department of Computational Medicine and Bioinformatics
University of Michigan
http://zhanglab.ccmb.med.umich.edu/I-TASSER
http://zhanglab.ccmb.med.umich.edu/bbs/?q=forum/2
```

图 27.19

(5) I-TASSER 的预测结果包括许多信息,诸如:提交的序列(Submitted Sequence in FASTA format),预测的二级结构(Predicted Secondary Structure),预测的可溶性(Predicted Solvent Accessibility),预测的内在热迁移率(Predicted normalized B-factor),检索到的与目的蛋白质折叠识别类型相似的最佳10个蛋白质模板(Top 10 threading templates used by I-TASSER),预测的目的蛋白质的最佳5个三级结构模型(Top 5 final models predicted by I-TASSER),最佳目的蛋白质三级结构与PDB数据库的TM-align软件比对结果(Proteins structurally close to the target in the PDB),基于COFACTOR和COACH预测的目的蛋白质的生物功能(Predicted function using COFACTOR and COACH)。(图27.20)

图27.20

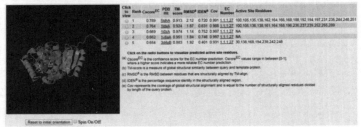

图27.20(续)

（6）在 I-TASSER 的预测结果页面，点击"S402609_results.tar.bz2"（也可能是其他 job id 号），将 I-TASSER 分析结果下载到本地。（图 27.21）

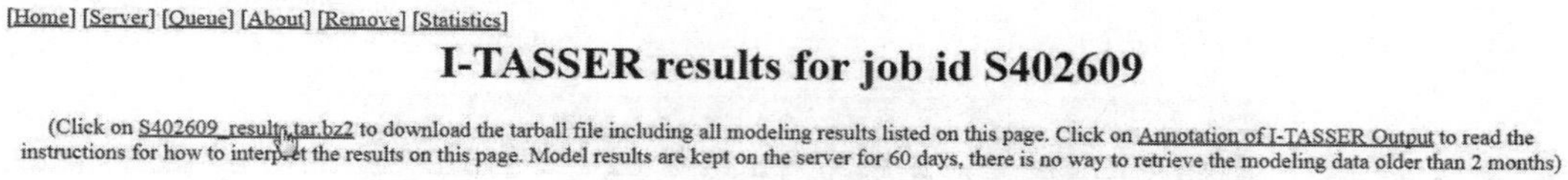

[Home] [Server] [Queue] [About] [Remove] [Statistics]
I-TASSER results for job id S402609

(Click on S402609_results.tar.bz2 to download the tarball file including all modeling results listed on this page. Click on Annotation of I-TASSER Output to read the instructions for how to interpret the results on this page. Model results are kept on the server for 60 days, there is no way to retrieve the modeling data older than 2 months)

图 27.21

（7）将下载到本地的 I-TASSER 文件解压后，即可看见里面的预测结果。其中，model1.pdb、model2.pdb、model3.pdb、model4.pdb、model5.pdb 为预测的目的蛋白质的 5 个最佳三级结构模型。（图 27.22）

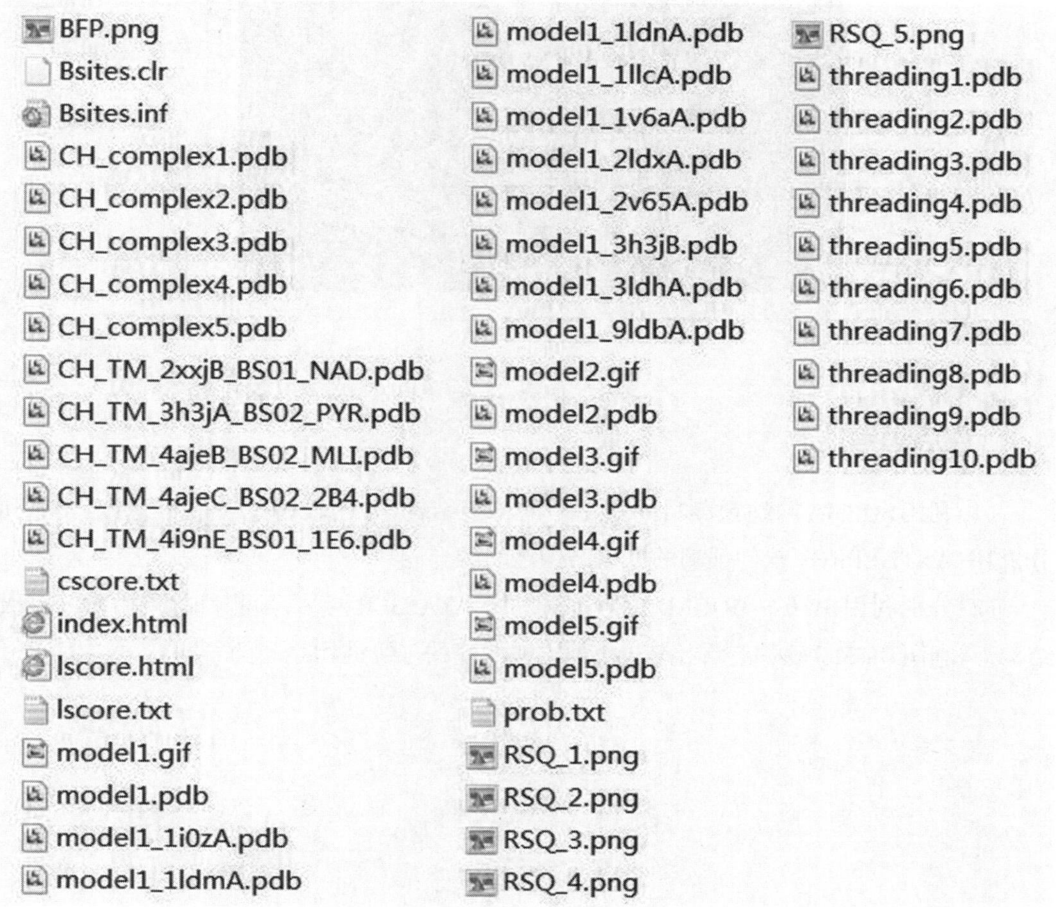

BFP.png
Bsites.clr
Bsites.inf
CH_complex1.pdb
CH_complex2.pdb
CH_complex3.pdb
CH_complex4.pdb
CH_complex5.pdb
CH_TM_2xxjB_BS01_NAD.pdb
CH_TM_3h3jA_BS02_PYR.pdb
CH_TM_4ajeB_BS02_MLI.pdb
CH_TM_4ajeC_BS02_2B4.pdb
CH_TM_4i9nE_BS01_1E6.pdb
cscore.txt
index.html
lscore.html
lscore.txt
model1.gif
model1.pdb
model1_1i0zA.pdb
model1_1ldmA.pdb
model1_1ldnA.pdb
model1_1llcA.pdb
model1_1v6aA.pdb
model1_2ldxA.pdb
model1_2v65A.pdb
model1_3h3jB.pdb
model1_3ldhA.pdb
model1_9ldbA.pdb
model2.gif
model2.pdb
model3.gif
model3.pdb
model4.gif
model4.pdb
model5.gif
model5.pdb
prob.txt
RSQ_1.png
RSQ_2.png
RSQ_3.png
RSQ_4.png
RSQ_5.png
threading1.pdb
threading2.pdb
threading3.pdb
threading4.pdb
threading5.pdb
threading6.pdb
threading7.pdb
threading8.pdb
threading9.pdb
threading10.pdb

图 27.22

（8）利用蛋白质三级结构查看软件RasMol，输入文件model1.pdb，即可查看从头计算法合成的目的蛋白质最佳三级结构。（图27.23）

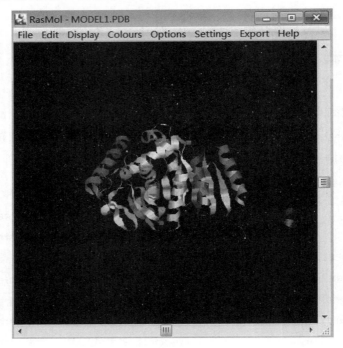

图27.23

【课后思考题】

（1）利用SOPMA网站预测目的蛋白质的二级结构，并比较与《实验26　蛋白质序列分析》中ANTHEPROT软件预测的二级结构之间的异同。

（2）分别利用SWISS-MODEL、pGenThreader、I-TASSER网站，预测目的蛋白质的三级结构，并利用RasMol软件查看比较这3种方法构建的三级结构之间的异同。

实验拓展

[1] SOPMA 软件使用说明。

[2] SWISS-MODEL 软件使用说明。

[3] PSIPRED 软件使用说明。

[4] I-TASSER 软件使用说明。

[5] RasMol 软件使用说明。

[6] 王超,朱建伟,张海仓,等.蛋白质三级结构预测算法综述[J].计算机学报,2018,41(4):760-779.

[7] 邓海游,贾亚,张阳.蛋白质结构预测[J].物理学报,2016,65(17):169-179.

[8] 秦传庆.蛋白质结构预测软件设计与开发[D].杭州:浙江工业大学,2014.

[9] 周建红,艾观华,方慧生,等.蛋白质结构从头预测方法研究进展[J].生物信息学,2011,9(1):1-5.

参考文献

[1]王玉明. 医学生物化学与分子生物学实验技术(第2版)[M]. 北京:清华大学出版社, 2011.

[2]祁元明. 生物化学实验原理与技术[M]. 北京:化学工业出版社, 2011.

[3]阿依木古丽, 蔡勇. 生物化学与分子生物学实验技术[M]. 北京:化学工业出版社, 2016.

[4]汪家政, 范明. 蛋白质技术手册[M]. 北京:科学出版社, 2000.

[5]李留安, 袁学军. 动物生物化学[M]. 北京:清华大学出版社, 2013.

[6]陈铭. 生物信息学(第2版)[M]. 北京:科学出版社, 2014.

[7]吕巍, 李滨. 生物信息学实验教程[M]. 北京:高等教育出版社, 2016.

[8]彭仁海, 刘震, 刘玉玲. 生物信息学实践[M]. 北京:中国农业科学技术出版社, 2017.

[9]Farrell SO, Taylor LE. Experiments in biochemistry (2nd Ed.)[M]. Australia: THOMSON, 2006.

[10]Lalitha S. Primer Premier 5. Biotech software & Internet report[J]. 2000, 1(6): 270-272.

[11]Cybernetics M. Let A Pro analyze your gels: Media cybernetics upgrades Gel-Pro analyzer[J]. Scientist, 1996, 11(17):17.

[12]Hall TA. BioEdit: a user-friendly biological sequence alignment editor and analysis program for Windows 95/98/NT[J]. Nucleic Acids Symp Ser, 1999, 41(41): 95-98.

[13]Altschul SF, Warren G, Webb M, et al. Basic local alignment search tool[J]. Journal of Molecular Biology, 1990, 215(3): 403-410.

[14]Higgins DG, Sharp PM. CLUSTAL: a package for performing multiple sequence align-

ment on a microcomputer[J]. Gene, 1988, 73(1): 237-244.

[15]Tamura K, Peterson D, Peterson N, et al. MEGA5: Molecular evolutionary genetics analysis using maximum likelihood, evolutionary distance, and maximum parsimony methods [J]. Molecular Biology and Evolution, 2011, 28(10): 2731-2739.

[16]Deléage G, Combet C, Blanchet C, et al. ANTHEPROT: An integrated protein sequence analysis software with client/server capabilities[J]. Computers in Biology and Medicine, 2001, 31(4): 259-267.

[17]Geourjon C, Deléage G. SOPMA: significant improvements in protein secondary structure prediction by consensus prediction from multiple alignments[J]. Comput Appl Biosci, 1995, 11(6): 681-684.

[18]Waterhouse A, Bertoni M, Bienert S, et al. SWISS-MODEL: homology modelling of protein structures and complexes[J]. Nucleic Acids Res, 2018, 46(W1): W296-W303.

[19]Lobley A, Sadowski MI, Jones, D T. pGenTHREADER and pDomTHREADER: new methods for improved protein fold recognition and superfamily discrimination. Bioinformatics, 2009, 25(14): 1761-1767.

[20]Yang JY, Yan RX, Roy A, et al. The I-TASSER Suite: protein structure and function prediction. Nature Methods, 2015, 12(1): 7-8.

[21]Sayle RA, Milnerwhite EJ. RASMOL: biomolecular graphics for all[J]. Trends in Biochemical Sciences, 1995, 20(9): 374-376.